非常规条件下
尾矿坝体静动力稳定性分析
及其溃决演进模拟方法

杨 鹏　王 昆　吕文生　诸利一　著

北 京

冶 金 工 业 出 版 社

2024

内 容 提 要

本书内容主要包括尾矿库工程概述、尾矿库溃坝灾害防控现状与发展态势、尾矿库溃坝泥浆演进物理相似模拟、尾矿库溃坝泥浆演进 SPH 模拟实现与验证、基于 SPH 模拟的尾矿库溃坝灾害超前预测与应急管理、融合无人机遥感的溃坝泥浆 SPH 模拟、尾矿库溃坝灾害防控与应急管理措施等。

本书可供从事尾矿库运营和维护的相关企业及工程技术人员使用，也可供高等院校相关专业的师生参考。

图书在版编目（CIP）数据

非常规条件下尾矿坝体静动力稳定性分析及其溃决演进模拟方法／杨鹏等著 . —北京：冶金工业出版社，2024. 1
ISBN 978-7-5024-9757-6

Ⅰ.①非… Ⅱ.①杨… Ⅲ.①尾矿坝—静力学—稳定性—数值计算—计算方法—研究 ②尾矿坝—溃坝—软件仿真—研究 Ⅳ.①TV649

中国国家版本馆 CIP 数据核字（2024）第 037688 号

非常规条件下尾矿坝体静动力稳定性分析及其溃决演进模拟方法

出版发行	冶金工业出版社	**电 话**	(010)64027926
地 址	北京市东城区嵩祝院北巷 39 号	**邮 编**	100009
网 址	www. mip1953. com	**电子信箱**	service@ mip1953. com

责任编辑 高 娜 美术编辑 彭子赫 版式设计 郑小利
责任校对 王永欣 责任印制 禹 蕊
北京建宏印刷有限公司印刷
2024 年 1 月第 1 版，2024 年 1 月第 1 次印刷
710mm×1000mm 1/16；14.25 印张；277 千字；215 页
定价 85.00 元

投稿电话 (010)64027932 投稿信箱 tougao@ cnmip. com. cn
营销中心电话 (010)64044283
冶金工业出版社天猫旗舰店 yjgycbs. tmall. com
（本书如有印装质量问题，本社营销中心负责退换）

作 者 简 介

杨鹏，1963 年 5 月生，工学博士，北京联合大学校长助理，城市轨道交通与物流学院、北京联合大学俄交大联合交通学院院长，二级教授，北京市属高校"长城学者"获得者，软件工程硕士生导师，兼任北京科技大学博士生导师。国务院教育督导委员会特约教育督导员、中国工程教育专业认证协会矿业类分委会副主任、教育部高等学校工程训练教学指导委员会委员、中国高等教育学会数字化课程资源研究分会副理事长，《北京联合大学学报（自然科学版）》《中国安全生产科学技术》等学报编委。从事矿业工程、高等教育及教育信息化应用研究，主持或参与完成国家自然科学基金项目 6 项、国家科技攻关项目和重点研发计划项目 3 项，承担横向课题二十余项，获省部级科技进步奖二等奖 3 项，省部级教学成果奖 10 余项，出版教材 2 部、学术专著 4 部，发表学术论文 140 余篇。

王昆，1991 年生，工学博士，山东科技大学能源与矿业工程学院博士后、讲师、硕士生导师。主要从事尾矿库应急管理、矿山充填采矿、智能矿山应用等方面的教学与科研工作。主持国家自然科学基金、山东省自然科学基金等项目 6 项，作为课题研究骨干完成国家重点研发计划、国家自然科学基金项目 2 项，参与在研横向课题 3项。任《中国有色金属学报》《金属矿山》等期刊审稿专家，发表学术论文 20 篇，申请或授权国家专利 4 项，参编学术专著 1 部。获中国黄金协会科学技术奖 2 项。

吕文生，1968 年生，工学博士，北京科技大学土木与资源工程学院资源工程系副主任、副教授。主要从事矿山充填与工艺、矿山岩石力学、矿井通风与安全、矿业经济等方面的教学与科研工作，曾到澳大利亚阿德莱德大学访问合作研究。负责完成科研项目 30 多项，包括主持和参与完成多项国家自然科学基金项目和国家"十三五"重点研发项目。获省部级科技进步奖一等奖 2 项，二等奖 5 项，发表学术论文 80 多篇，出版专著 3 部，申请或授权国家专利 9 项。

诸利一，1992 年生，北京科技大学采矿工程专业博士研究生。主要从事尾矿处置、尾矿坝安全、细颗粒尾矿的浓密与流变特性等科研工作。受国家留学基金委资助赴加拿大阿尔伯塔大学联合培养 2 年。获得国家留学基金委留学基金、教育部国家奖学金等奖项。发表 SCI/EI 等学术论文 15 篇，出版专著 1 部，申请和授权国家发明专利 2 项、实用新型专利 1 项。

前　　言

矿产资源是社会经济发展的重要物质基础。当前全球矿产资源开发利用规模仍处于历史高位，其长期高强度开发促使高品位易采矿体逐渐消耗殆尽，低品位矿体的开采和选别提取将产生更大体量的尾矿废弃物。在尾矿综合回收利用率短期难以取得重大突破的背景下，尾矿库堆存仍然是矿山处理尾矿废弃物的首要手段，其健康运营对于矿产资源持续安全供应至关重要。

21 世纪以来，巴西、加拿大等国接连发生重大尾矿库溃坝事故，造成了惨重的人员伤亡、难以修复的环境污染和恶劣的社会影响。本书聚焦研究"基于强地震、强降雨等非常规条件下尾矿坝静动力稳定性以及溃决演进预测方法"，使用"岩土工程 Geo-Studio 模拟计算""无人机摄影和遥感监测""Flow-3D 模拟""SPH 算法""土工离心模拟"等新方法和前沿技术分别对"尾矿坝静动力条件下稳定性分析""尾矿库摄影测量监测技术应用""基于 Flow-3D 的尾矿库溃坝演进模拟预测""基于 SPH 算法的尾矿库溃坝演进预测模拟""尾矿库溃坝离心模拟试验"等内容展开了研究，并提出了尾矿库溃坝灾害防控与应急管理措施，以解决尾矿库溃坝演进预测和灾害防控不足等问题，保障尾矿坝安全稳定运营。

本书内容涉及的研究得到国家自然科学基金（项目号：51774045）资助。北京科技大学研究生杨超、唐鹏飞、王平、王涛、李树峰、李桂洋等参与了大量室内试验、数值仿真、数据分析等工作。本书在编写过程中，参考了有关文献资料，在此向文献作者及该领域专家学者表示感谢。

由于作者水平所限，书中疏漏和不足之处，敬请广大读者批评指正。

作　者

2023 年 8 月

目　　录

1 绪 论

尾矿库是指由一个或多个尾矿坝堆筑拦截谷口或围地所构成的矿山生产设施，用以堆存矿石粉碎选别后所残余的有用成分含量低、当前经济技术条件下不宜进一步分选的固体废弃材料。全球范围内，人类社会文明发展进步离不开各类矿产资源的开发利用，因此，尾矿库在大多数国家均有分布，特别是美国、加拿大、南非、澳大利亚、巴西、中国等矿产资源开发活跃地区。21 世纪以来，全球矿产品需求量仍处于高位，而高品位、易采矿体逐渐开采殆尽，低品位矿体的开采和提取成为未来矿业发展方向之一，有专家预测全球尾矿废弃物排放规模仍在持续扩增。

长期以来，我国尾矿排放量巨大，每年排放量约占原矿产出总量的 20%。在先进采选技术装备推动下，"十三五"期间我国矿产资源开发强度提升，矿石年产量增长 22.3%，从 76.01 亿吨增至 92.94 亿吨。而 2010 年至 2020 年十年间，多数矿种采出品位下降，如铁矿地采品位下降 4.6%、露采品位下降 2.0%。"十三五"以来，受环境保护政策导向与充填开采矿山比例增高等利好因素推动，我国尾矿综合利用率逐年提升，尾矿排放量在 2014 年达到峰值后开始逐年下降，其中 2018 年降幅最高，降至 12.11 亿吨，2019 年排放量略有增长，达 12.72 亿吨，尾矿年排放量整体仍然维持在 12 亿吨以上的高位。

尾矿库具有高势能的重大危险源，溃坝事故由于致灾因素多、机理复杂、突发性强、破坏力巨大，往往造成惨重人员伤亡、巨额财产损失以及难以修复的环境污染。据不完全统计，1975 年至 2000 年期间，世界范围内约 75% 的矿山重大环境事故与尾矿库有关；Azam S 等分析了 1910 年至 2010 年期间全球 18401 座矿山尾矿库安全情况，结果显示其溃坝事故率高达 1.2%，比世界大坝协会公布的蓄水坝 0.01% 溃坝事故率高出 2 个数量级。近些年随着施工工艺与监管水平的进步，尾矿库事故发生率呈降低态势，但重大事故发生频次却不减反增。1910 年至 2010 年期间，55% 的尾矿库重大溃坝事故发生在 1990 年以后，并且 2000 年之后的溃坝事故中 74% 属于重大或特别重大事故。另外，气候变化引发的极端天气现象越发频繁，强降水及洪水灾害频发、暴雨极值不断刷新，超出部分尾矿库原有防洪设计标准，为尾矿库灾害防控带来新的挑战。

2020 年 7 月 2 日，缅甸 Kachin 邦 Hpakant 镇翡翠开采区域一处约 76m 高的尾矿渣堆因暴雨导致溃坝，造成多名工人被埋，酿成至少 174 人丧生、54 人受伤的后果；2019 年 1 月 25 日，巴西 Minas Gerais 州 Córrego do Feijão 铁矿 Ⅰ 号尾矿坝溃坝事故，约 970 万立方米尾矿泥浆淹没下游装载站、厂房、铁路等设施，造成 259 人死亡、11 人失踪；2017 年 3 月 12 日，我国湖北省黄石市大冶铜绿山铜铁矿尾矿库西北坝段因采空区塌陷及管理疏漏等原因引发溃坝事故，造成 2 人死亡、1 人失联，直接经济损失 4518.28 万元；2015 年 11 月 5 日，巴西 Minas Gerais 州另一处 Germano 铁矿 Fundão 尾矿坝因小型地震触发本身已接近饱和的坝体液化溃决，泄漏约 3200 万立方米尾矿，淹没下游 5km 外的 Bento Rodrigues 村庄 158 座房屋，造成至少 17 人遇难，2 人失踪，污染 650km 河流并汇入大西洋，造成巴西史上最严重的环境灾害，其所有者淡水河谷公司与必和必拓公司面临巨额罚款，陷入诉讼泥潭；2014 年 8 月 4 日，加拿大 British Colombia 省 Mount Polley 金铜矿尾矿坝由于坝基设计未考虑下赋冰层坝基失稳导致溃坝，约 2500 万立方米尾矿及废水瞬间倾出冲入周边森林与湖泊，破坏性巨大的泥流将下游 Hazeltine 河的宽度由 1m 冲刷到 45m，周边生态环境遭到严重破坏，引发加拿大政府与民众的高度关注；2009 年 8 月 29 日，俄罗斯 Magadan 地区 Karamken 尾矿库因强降雨诱发溃坝事故，向下游泄漏约 120 万立方米泥流，摧毁 11 座房屋并造成至少 1 人死亡；2008 年 9 月 8 日，我国山西省襄汾县新塔矿业公司尾矿库因违规运营造成重大溃坝事故，泄漏尾矿约 19 万立方米，淹没下游仅 50m 外的办公楼、农贸市场、居民区等人群密集区，造成至少 277 人死亡、33 人受伤，直接经济损失 9619.2 万元，给当地经济发展和社会稳定造成极其恶劣影响。

　　上述事故的发生其酿成的惨痛后果，暴露出当前尾矿库溃坝灾害防控体系的薄弱。尾矿库灾害风险预警机制及应急管理体系尚不健全，为向溃坝灾害防控提供更加科学合理的理论判据，开展溃坝演进预测方法与灾害防控研究势在必行。

　　从国内外相关研究报道来看，影响尾矿库的安全因素较多，但主要溃坝因素有：洪水漫顶、地震液化、渗透破坏、浸润线过高、坝体上升速度快和其他 6 方面。学者吴宗之等对美国、加拿大、智利等国 56 起尾矿库溃坝事故原因进行了统计，得出每种溃坝原因在 56 起事故中所占的比例：渗透破坏所占比例为 44.6%，地震液化所占比例为 19.6%。二者所占比例为 64.2%，超过半数。针对例如强降雨、强地震等非常规条件下的尾矿库动静稳定性研究往往依靠试验较难实现。因此，在本书涉及的研究中主要利用数值模拟手段来实现复杂情况下的尾矿库稳定性分析。

1.1　尾矿库工程概述

1.1.1　尾矿来源及其特性

　　尾矿通常指矿石粉碎磨细选别提取后，残余的有用成分少、特定经济技术条件不宜进一步分选的固体废弃材料。一般由选矿厂排放矿浆，经自然脱水后形成工业固体废弃物。尾矿成分以 SiO_2 和 CaO 为主，伴有部分金属氧化物。除一部分尾矿通过地下采空区充填、建筑材料等方式得以综合利用，大多数尾矿被排放堆存于尾矿库中。尾矿具有粒度细、数量多的特征，是矿山主要的危险源与环境污染源。此外，受不同排放时期选矿工艺技术与经济条件的制约，尾矿同时也具备资源二次开发的潜力。

1.1.2 我国尾矿废弃物排放现状

1.1.2.1 矿产品需求量

《中国矿产资源报告 2019》表明，2018 年我国矿产品需求量保持增长，主要矿产品供应能力不断增强，一次能源、粗钢、十种有色金属（铜、铝、铅、锌、镍、镁、钛、锡、锑、汞）、黄金等产量和消费量继续居世界首位。铁矿石产量为 7.6 亿吨，较上年减少 3.1%，表观消费量为 13.7 亿吨（标矿）；粗钢产量为 9.3 亿吨，增长 6.6%；十种有色金属产量为 5702.7 万吨，增长 3.7%；其中精炼铜 902.9 万吨，增长 0.7%；电解铝 3580.2 万吨，增长 7.5%。黄金产量为 401.1t，下降 5.9%，消费量为 1151.4t，增长 5.7%。

1.1.2.2 尾矿总产生量

长期以来，我国尾矿排放量巨大，每年的排放量约占原矿产出总量的 20%。据不完全统计，截至 2018 年底，我国尾矿累计堆存量约为 207 亿吨，占地约 100 万亩，长江经济带和京津冀人口密集地区的尾矿库数量和占地面积约占总量 40%。"十二五""十三五"以来，受环保政策及充填开采矿山增多等因素影响，我国尾矿总产生量呈倒"U"形，在 2014 年达到峰值后逐年下降，2018 年降幅最大，同比下降 25.06%。2018 年，我国尾矿总产生量约为 12.11 亿吨，其中铁尾矿产生量最大，约为 4.76 亿吨，占尾矿总产生量的 39.31%；其次为铜尾矿，产生量约为 3.02 亿吨，占 24.94%；黄金尾矿产生量约为 2.16 亿吨，占 17.84%；其他有色金属尾矿产生量约为 1.14 亿吨，非金属尾矿产生量约为 1.03 亿吨。

1.1.2.3 尾矿综合利用率

我国尾矿综合利用的方式主要为地下开采采空区的充填，其次用于修筑公路、路面材料、防滑材料、海岸造田、建筑材料的原料，个别矿山用于再选有用组分。2018 年，全国综合利用尾矿总量约为 3.35 亿吨，综合利用率约为 27.69%，比 2017 年提高 5.6 个百分点。其中，全国黄金矿山地下采矿大部分采用充填采矿法，对黄金尾矿的利用率约为 26%，全年折合利用黄金尾矿总量约为 5616 万吨。全国铜矿山和其他有色及稀贵金属矿山地下采矿约占采矿总量的 42%，大部分采用充填采矿法，对铜尾矿及其他有色金属尾矿的利用率约为

15%，全年折合利用铜尾矿及其他有色金属尾矿总量约为 6255 万吨。2018 年，全国铁矿充填利用尾矿量约为 2805 万吨。全国用于生产建筑材料及有价组分回收的尾矿总量约为 18443 万吨，其中有价组分回收约占 3.5%，从尾矿中回收有价组分 1174 万吨，其他途径利用尾矿约 414 万吨。尽管尾矿利用水平呈逐年上升态势，但每年仍有约 70% 的尾矿未得到利用，加之历史遗留尾矿库体量巨大，我国尾矿库安全形势依然严峻复杂。

1.1.2.4　政府对尾矿废弃物综合利用的举措

制度政策方面，2015 年《生态文明体制改革总体方案》就能源矿产资源领域提出资源消费总量管理和节约制度、健全矿产资源开发利用管理制度、完善资源循环利用制度。随后《中华人民共和国国民经济和社会发展第十三个五年规划纲要（2016—2020 年）》《循环发展引领行动》《国土资源"十三五"规划》《全国矿产资源规划（2016—2020 年）》等相继发布，要求树立节约集约循环利用的资源观，推动资源利用方式的根本转变，推动共伴生矿、尾矿等大宗工业固废、再生资源综合利用，推进全面节约和高效利用资源。2020 年 4 月启动的《全国安全生产专项整治三年行动计划》要求新建金属非金属地下矿山必须对能否采用充填采矿法进行论证并优先推行尾矿充填采矿法。

法律法规方面，为推动矿产资源节约和合理利用，我国先后发布实施的《矿产资源法》《节约能源法》《循环经济促进法》等法律，明确规定节约资源是我国的一项基本国策。要求坚持节约优先，合理开发利用资源，对具有工业价值的共伴生矿实行综合开采、合理利用，暂时不能利用的组分和尾矿，采取适合的保护措施，防止资源损失和生态破坏。

税费政策方面，为加强对环境和资源的保护，促进资源的有效利用和清洁能源开发，我国在税费政策中规定对开采或利用共伴生矿、低品位矿、尾矿资源的企业可免征或减征资源税；企业综合利用资源，生产符合国家产业政策的产品，在计算企业所得税时可减计；进入《资源综合利用产品和劳务增值税优惠目录》的产品或劳务，可享受增值税即征即退政策。针对综合利用产品不好认定的难题，引入第三方机构对开展工业固废利用的情况进行核定，依据评价结果，可申请减免增值税、所得税等优惠政策等。

标准规范方面，自然资源部已先后公告发布九批共 77 个矿种的合理开发利用"三率"最低指标要求（矿产资源合理开发利用"三率"指标是指矿山开采回采率、选矿回收率和综合利用率，是评价矿山企业开发利用矿产资源情况的主要指标），涵盖能源矿产、有色金属矿产、黑色金属矿产、非金属矿产等，基本构建了重要矿种的"三率"指标体系。该指标体系为矿山企业制定开发利用方案和矿山设计提供了依据。

1.1.3 尾矿库分类

尾矿库又称为尾矿池（tailings pond）、尾矿贮存设施（tailings storage facility），是指由一个或多个尾矿坝堆筑拦截谷口或围地所构成的用于贮存尾矿废弃物的矿山生产设施。通常先使用土、石等材料堆筑初期坝，作为尾矿堆积坝的排渗及支撑结构，待库内尾矿废料堆积接近坝顶高度时，再利用粗粒尾矿材料向上逐级建设若干尾矿堆积坝以提升坝高及库容，直至达到设计坝高。

1.1.3.1 根据筑坝工艺特征分类

根据筑坝工艺特征，尾矿库主要可分为上游式筑坝尾矿库、中线式筑坝尾矿库、下游式筑坝尾矿库、一次建坝尾矿库等，常用筑坝工艺如图 1-1 所示。

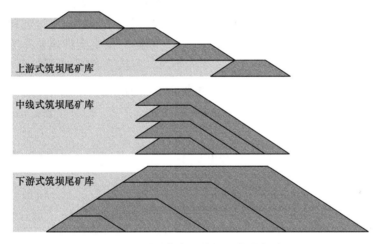

图 1-1 尾矿库常用筑坝工艺示意图

（1）上游式筑坝尾矿库：在初期坝上游方向堆筑高度为 1～3m 堆积坝来逐级提升坝高与库容。其特点是堆积坝坝顶轴线逐级向初期坝上游方向推移。该方法由于工艺简单、成本低廉，是国内外普遍采用的方法，我国约 80% 有色金属矿山尾矿库采用该方法筑坝。该方法的缺点是不容易形成坝结构。

（2）中线式筑坝尾矿库：指在初期坝轴线处用旋流器等分离设备所出的粗砂堆筑方式。其特点是堆积坝顶轴线始终不变。

（3）下游式筑坝尾矿库：指在初期坝轴线处用旋流器等分离设备所出的粗砂堆筑方式。其特点是堆积坝顶轴线逐级向初期下游推移。

（4）一次建坝尾矿库：指全部用除尾矿之外的筑坝材料一次或分期建造的尾矿坝。2020 年 4 月，国务院安委会印发《全国安全生产专项整治三年行动计划》，要求新建小型尾矿库（四等、五等尾矿库）采用一次建坝工艺。

1.1.3.2　根据地形条件分类

根据尾矿库库址地形条件特征，主要分为山谷型尾矿库、山坡型尾矿库、平地型尾矿库等类型。

（1）山谷型尾矿库：在山区和丘陵地区利用三面环山的自然山谷，在下游谷口地段合适位置一面筑坝拦截所形成的尾矿库。具有初期坝建设周期短、坝体工程量小、建设初期投资低和后期维护简便的优点。

（2）傍山型尾矿库：依托山坡洼地等天然地形特征，三面或两面筑坝围截所形成的尾矿库。

（3）平地型尾矿库：在平原和沙漠地区的平地或凹坑处，四周筑坝形成尾矿库。

1.1.3.3　根据库容坝高划分等别

根据现行《尾矿库安全规程》（GB 39496—2020），尾矿库依据总库容与总坝高可分为一等库至五等库。尾矿库设计等别应根据该期的全库容和尾矿坝高分别按表1-1确定。当按尾矿库的全库容和尾矿坝高分别确定的尾矿库等别的等差为一等时，应以高者为准；当等差大于一等时，应按高者降一等确定。

表 1-1　尾矿库各使用期的设计等别

等别	全库容 V/m^3	坝高 H/m
一	$V \geq 5 \times 10^8$	$H \geq 200$
二	$1 \times 10^8 \leq V < 5 \times 10^8$	$100 \leq H < 200$
三	$1 \times 10^7 \leq V < 1 \times 10^8$	$60 \leq H < 100$
四	$1 \times 10^6 \leq V < 1 \times 10^7$	$30 \leq H < 60$
五	$V < 1 \times 10^6$	$H < 30$

1.1.4　我国尾矿库堆存现状

我国监管部门在 2007 年至 2018 年间开展了卓有成效的尾矿库综合治理及专项整治行动，消除了绝大多数的危库、险库、无主库、废弃库。然而，尾矿库总体安全形势依旧不容乐观，且情况较为复杂，具有数量多、上游法筑坝比例高、安全等级低的特点。我国现存尾矿库数量近 8000 座，总量居世界首位。尾矿库数量居前 10 位的省份分别为河北、辽宁、云南、湖南、河南、内蒙古、江西、山西、陕西、甘肃，占总数的 75.1%。其中，"头顶库"（初期坝坡脚起至下游尾矿流经路径 1km 范围内有居民或重要设施的尾矿库）1112 座，涉及下游 40 余万居民，数量排前 10 位的省份分别为湖南、河北、河南、辽宁、云南、江西、湖北、甘肃、山西、山东，占总数的 73.9%。"头顶库"若发生溃坝易导致重特大安全生产事故、重大突发环境事件和群体事件，严重威胁群众生命财产安全与社会和谐稳定。

1.2 尾矿库溃坝灾害防控现状与发展态势

尾矿库溃坝灾害应急响应时间短、潜在威胁巨大，往往造成惨重人员伤亡与巨额财产损失。21 世纪以来，尾矿库安全事故发生数量的总体下降趋势充分体现出筑坝工艺及安全管理方面的进步，然而重大事故发生频次却不减反增。本小节在收集大量国内外最新文献的基础上，聚焦国内外尾矿库重大事故案例以及溃坝灾害防控体系中的安全监测、灾害预警、安全管理这三大方面核心内容，系统综述剖析国内外研究现状及最新进展，为本研究内容提供基础参考依据与切入点。

1.2.1 尾矿库安全监测研究现状

1.2.1.1 安全监测国外研究现状

安全监测是尾矿库安全管理的耳目，库区健康运营、事故预防及应急响应离不开及时、准确的监测信息。国外尾矿库设计规定的监测内容包括位移、渗流、坝基稳定性等坝体安全指标，以及扬尘、地表水、地下水等环境指标，常用仪器有压力计、测斜仪、沉降计、水位计、雨量计等，而相关研究多见于环境污染的监测。安全监测方面，加拿大黄金公司（Goldcorp）为保障英属哥伦比亚省一处已闭库、缺乏人员看管的银矿尾矿库安全，引进了由太阳能供电、数据收集、无线传输、自动测量、气象站、图像采集等模块集合而成的 Trimble T4D 智能化自动监测系统，包含最优化布置的水位、孔隙水压力、位移等传感器，保证监测信息实时汇总至管理人员；Vanden Berghe 等研究指出合格的监测方案除水位、坝体位移等参数外，还应涉及基于实时监测数据的坝体稳定性评估、潜在溃坝形式特点及其关键监测参数体现、预警等级划分及其相应对策；Zandarín 等认为毛细现象对坝体稳定性至关重要，建议在安全监测中新增毛细水位测量指标。

在安全监测新技术的研究与应用方面，Coulibaly 等、Sjödahl 等分别使用电阻率成像仪探测了加拿大 Westwood 与瑞典南部 Enemossen 尾矿坝内部含水饱和度、裂缝及变形情况，展现出地球物理方法在尾矿坝监测中的应用前景；Colombo 和 MacDonald 尝试使用干涉合成孔径雷达（InSAR）技术监测非洲两座露天矿地貌演化与尾矿坝变形，以及波兰某煤矿地下开采引起的地表沉降，并取得了理想的效果；Palmer 指出大型滑坡事故在产生致命破坏之前通常可观测到数月或数年的缓速蠕变，卫星遥感可在地质灾害防控方面发挥重要作用，譬如欧洲航天局于 2017 年 3 月部署完成的两颗"哨兵 2 号"卫星可实现每间隔五天对同一区域的遥感监测；Schmidt B 等通过处理卫星数据提取地形图和航摄影像，监测墨西哥某长达 11km 的尾矿坝，克服了传统测量方法劳动强度大、危险性高等缺点，为库区建设与运营提供了宝贵参考资料；Emel J 等探索使用航天飞机雷达、星载热辐射和反射辐射计获取数字高程模型，研究美国坦桑尼亚 Geita 金矿尾矿库周边 2000~2006 年期间的地形地貌和水文演变特征；Minacapilli M 等、Zwissler B 等指出利用红外热惯量和热红外图像遥感监测土壤或尾矿中水分时空分布规律具有巨大应用潜力。近几年，无人机摄影测量受益于技术成熟和产品商业化，续航能力、极端条件航行、路径导航、建模算法、模型精度等难题在一定程度上得到解决，在古迹维护、环境保护、地质灾害调查、地图测绘、精准农业等领域取得了理想的效果。Pajares 列举了大量无人机遥感技术在各个行业的应用实例，所搭载的传感器类型包括普通相机、热红外相机、Lidar 激光扫描仪、多光谱和高光谱传感器、合成孔径雷达（SAR）、化学传感器、磁传感器、声呐等，可借鉴用于尾矿库干滩面、尾矿温湿度等指标的快速监测；巴西 Samarco 铁矿尾矿库除采用常规监测手段外，自 2013 年开始施行月度周期的无人机影像监测及地形测量，监测数据为溃坝事故调查提供了重要依据；Peternel T 等通过无人机摄影测量三维建模，分析两年期间内某山体表面高程和体积变化规律，揭示出了该山体的滑坡运动模式。

1.2.1.2 安全监测国内研究现状

近些年在监管部门的严格监察与矿山企业的积极配合下，我国尾矿库安全监测建设普及率大幅提高，大大改善了矿山安全保障水平。根据现行《尾矿库安全监测技术规范》与《尾矿库在线安全监测系统工程技术规范》要求，尾矿库安全监测需与人工巡查、库区安全检查结合并进行比测，规定需监测坝体位移、渗流、干滩、库水位，四等库及以上还需监测降水量，另酌情监测孔隙水压力、渗透水量、浑浊度，三等库及以上需安装在线监测系统。

坝体位移监测包括坝体和岸坡的表面位移、内部位移，表面位移常借助智能全站仪、GNSS 接收机等仪器，内部位移多使用沉降计、测斜仪测量；渗流监测包括浸润线、渗流压力、渗流量及浑浊度，常借助测压管或渗压计监测坝体浸润线，孔隙水压力计测量渗流压力，容积法、量水堰法或流速法监测渗流量，电子浊度仪度量浑浊度；干滩监测内容包括滩顶高程、安全超高、干滩长度及坡度，干滩长度常借助标尺、图像识别、激光测角测距等方法；使用物位计、水位计或者视频监测库水位，雨量计监测降水量。此外还规定安装高清摄像机监测尾矿坝、排水系统、库区及周边安全情况。在线监测系统将实时监测信息汇总到监测站，实现数据自动采集、传输、存储与分析处理、综合预警。

国内学者围绕上述监测内容工程实践中所遇到的问题开展了大量研究。针对浸润线观测准确度低的问题，李晓新等设计了基于高密度电阻率法的监测方案；袁子清等提出了基于实时浸润线与库水位的渗流反推法。为解决系统稳定性差的难题，陈凯等研究了监测系统防护、封装、分布式供电、混合式 Mesh 网络通信等技术，以保障极端气象条件下的数据稳定获取；王利岗等基于 ZigBee 无线传感技术设计了具有自愈、自组网能力的在线监测系统，归纳了防雷保护措施与注意事项，以期提高系统运行稳定性；余乐文等设计了风光互补冗余供电系统，保障监测数据的连续采集。关于尾矿库安全监测的发展趋势，于广明等认为系统组成应根据设计级别、筑坝方式、地质条件、地理环境等因素具体制定，力求做到理论实践结合、监测内容全面、测点布置科学、信息终端可视及数据分类存储共享等目标；李青石等指出我国尾矿库安全监测存在成本高、适用性与稳定性差等缺陷，并探讨了基于视频可视化与多通道微震系统的全天候监测方法可行性，指出弹性波传播衰减速度快与信号不易采集的难题。

遥感技术在安全监测研究中的交叉应用同样受到国内学者追捧，马国超等为提高尾矿库安全监测效率，提出高分遥感与地表三维激光扫描相结合的"天地一体化"监测模式，为安全监测提供了新思路；高永志等通过高分辨率遥感影像与 GIS 软件识别分析黑龙江省内重点矿集区尾矿库分布情况，为尾矿库普查与监管提供依据；刘军等探索使用无人机搭载数码相机获取露天矿边坡区域高分辨率图像数据，通过影像三维重建制作边坡精细三维模型，进而分析掌控边坡区域稳定性；马国超等通过统一控制点坐标系，实现三维激光扫描与无人机倾斜摄影技术结合的三维数据完整采集，并在露天采场开展应用研究；王海龙将摄影测量技术应用于露天矿山土石方量计算中，为生产计划提供数据支持。

综上所述，相较于国外，我国拥有更加严格的尾矿库安全监测规定，国内学者为解决稳定性差、精度低等具体实践问题开展了一系列研究。同时，国内外学者在尾矿库安全遥感监测方面均开展了大量研究，但国内学者主要集中于理论研究，在实践应用方面相对欠缺。可以预见随着高分遥感、无人机、摄影测量等理论技术进步与装备革新，上述新型监测方法的大规模应用推广将成为可能。

1.2.2 尾矿库溃坝灾害预警研究现状

尾矿坝溃决泥沙下泄是极其短时间的过程，若灾害发生后才开展下游人群疏散工作是完全来不及的。而灾害于孕育阶段会呈现不同形式的征兆，因此溃坝灾害预测预警方法的研究对于尾矿库尤其是"头顶库"隐患治理与灾害防控具有重要意义。

1.2.2.1 尾矿库溃坝灾害预警现状

国外针对尾矿库溃坝灾害预警的研究较为少见，而地质灾害领域的研究具有一定借鉴意义。Azzam 等通过太阳能供电网关连接测量传感器与通信处理单元节点，建立具有自组织、自愈能力的无线传感网络，构建出建筑物、滑坡山体、水坝、尾矿库及桥梁等的实时监测预警平台；Peters 等使用多个传感网络节点监测法国南部山体孔隙水压力、倾斜度及温度等参数，耦合水动力学模型实现了滑坡灾害的实时预警；Intrieri 等将意大利中部某滑坡体划分为普通、警惕与报警三个危险级别，其中警惕级别由预设阈值触发，报警级别基于专家评估法预测确定，另通过数据冗余与均值处理减少错误警报；Capparelli 等深入系统分析滑坡与降雨量关系，建立出降雨因素诱发滑坡的预警经验模型；Intrieri 等概述了滑坡预警系统组成及其实践准则，指出预警敏感度与准确率互相矛盾，误报警无法完全避免，强调预警机制必须以人为本，培养强化人员应急能力；Krzhizhanovskaya 等提出了传感器网络与溃坝模拟相结合的洪水预警决策支持系统，并利用人工智能及可视化技术保障该系统的稳定运行；Zare 等尝试运用多层神经网络与径向基网络两种人工神经网络方法分析预测山体滑坡，以期实现更为科学有效的灾害风险评估。

1.2.2.2 尾矿库溃坝灾害预警现状

国内学者在灾害预警平台开发、指标选取、算法优化等方面作了大量研究。黄磊等设计搭建了基于空间信息网络访问模型的尾矿库监测预警平台，并成功应用于洛阳市某五座尾矿库，但存在数据处理算法过于简单及预警模型准确率低等问题；王刚毅等运用信息融合技术实现尾矿库多指标预警体系，系统由数据综合管理、实时评估、监控中心与预报预警四个模块构成，与实时气象信息融合，超前诊断尾矿库在极端条件下的运行状态；Dong 等利用物联网与云计算技术构建了基于实时监测与数值仿真的尾矿库灾害预警评估平台，根据监测数据及仿真计算结果划分预警级别。在预警指标选取方面，王晓航等选用洪水危险性、承灾体易损性和工程防御能力作为参数，基于 GIS 平台与线性加权模型，构建出蓄水坝溃坝生命损失预警综合评价模型；何学秋等试验得出尾矿坝变形包括衰减、稳定、加速三个阶段，基于流变-突变理论，预警准则应根据各阶段特征分别制定；谢旭阳等选取地形坡度、地质构造、降雨量、采矿活动、下游状况等指标建立了尾矿库区域预警指标体系。在预测算法优化方面，王英博等构建了和声搜索算法与修正型果蝇算法优化的神经网络安全评价模型，选用滩顶高度、库水位、浸润线、干滩高度和安全超高五种指标实例验证，显示出较高的预测精度；李娟等利用支持向量机预测尾矿库浸润线高度，实现了小样本情况下的高精度预测；Dong 等建立了区间非概率可靠度模型，验证可适用于数据不连续时尾矿坝稳定性评价；为克服监测信息的非线性与非对称性引起的误差，王肖霞等提出并验证了基于柔性相似度量和可能性歪度的风险评估方法。

国外学者围绕地质灾害领域、国内学者聚焦尾矿库安全，在预警平台构建、指标选取、算法优化等方面均开展了卓有成效的研究，其中不乏无线传感网络、云技术、水力学模型、大数据、人工智能等前沿理论方法，力求进一步提升灾害预警的准确率、实用性与智能化。

1.2.3 尾矿库溃坝演进及应急管理研究现状

1.2.3.1 尾矿库应急管理国内外现状

根据 Helbing 等的研究，突发性事件中人群处于恐慌逃逸情形下，容易出现从众、盲目、无组织的"羊群行为"，因此在事故已无法避免的情形下，高效合理的应急准备将在紧急疏散、灾后救援、次生灾害防治等方面发挥极大作用，力争将损失伤亡降到最低。国内外监管机构对于尾矿库灾害应急准备均有明确规定。例如，澳大利亚维多利亚州规定应急预案要根据事故最坏情形来制定，必须包括受灾体特征评估、疏散程序、人员培训方案等细节；加拿大最新版尾矿设施管理规范明确规定应急预案应覆盖建设初期、运营及闭库的全生命周期，并应与灾害可能涉及的其他单位或社群建立协同机制；加拿大大坝协会（Canadian Dam Association，CDA）在 2015 年应急管理研讨会报告指出，尾矿坝应急响应预案不可忽视环境危害的防治，且需随着库区运营阶段及时更新升级，应急演练必须全员参与，同时还将开设线上论坛为会员企业共享应急管理经验及资料提供平台；加拿大矿业协会（the Mining Association of Canada，MAC）总结 Mount Polley 事故教训，建议应急措施计划及救援物资预备需要根据溃坝发生后可能波及的范围来具体制定；由必和必拓、淡水河谷、英美资源等 23 家矿业巨头组成的国际矿业与金属理事会（International Council on Mining & Metals，ICMM）2016 年底联合发布尾矿库灾害防控立场声明，颁布安全管理一系列改进举措，其中提及应急预案需要包含触发条件、响应计划、机构职责、通信方式、演练周期、应急物资保障与可行性分析等；在我国，矿山企业需针对溃坝、洪水漫顶、排洪设施故障等灾害情形编制应急预案并定期组织演练，预案应包括机构职责、通信保障、人员物资、撤离方案等内容。

溃坝泥沙演进规律能够为应急措施制定提供直接依据，为此国内学者结合数值仿真与相似模型试验开展了大量研究。张力霆等利用自主研发的尾矿库模型试验平台进行了坝体排渗系统失效致使浸润线持续升高而诱发溃坝的缩尺模型试验，分阶段描述溃决破坏形式；张兴凯等利用雷达干涉仪、高速摄像机、流速仪等仪器的模型试验装置模拟分析洪水漫顶溃决过程，得出了溃坝位移与坝体饱和度的关系；尹光志等以云南某尾矿库设计资料为依据，对不同高度尾矿坝瞬间全溃后的泥浆演进规律及动力特性进行研究，结果表明溃决泥浆淹没高程、冲击强度、运移速度均与坝高有关，冲击强度峰值在泥深峰值之前出现；郑欣等使用CFD 软件模拟溃坝砂流演进过程，得出淹没范围、时间、流速等参数，据此估算出灾害生命损失，但研究存在大量假设条件且未考虑下游地形；刘洋等通过数值模拟对比验证河北某尾矿库溃坝事故案例中泥石流演进过程，总结出淹没范围、速度、厚度随时间的变化规律，并模拟出拦挡导流坝防护效果显著。在应急撤离方案方面，张士辰等针对溃坝情况下应急撤离路径灾民分流优化配置问题，建立基于最优化理论与运筹学的分配机制；黄诗峰等探索了基于 GIS 网络分析功能的灾民撤离过程仿真技术，为洪水灾害应急措施的制定提供依据。

从上述分析不难看出，国内外监管机构均高度重视尾矿库这一重大危险源的应急准备工作，并具体规定了应急预案、物资准备、撤离疏散及日常演练等基本内容。相比之下，国外在应急准备制定原则、可行性分析、经验总结、案例共享以及改进升级等方面的先进机制值得我国学习。我国学者采用数值仿真和相似模拟方法深入研究分析了尾矿库溃坝泥沙演进规律及可能的致灾后果，为应急措施的制定与完善提供科学依据。

1.2.3.2　尾矿库溃坝演进研究国内外现状

溃坝泥沙演进规律能够为应急措施制定与持续改进提供直接依据，尤其是对于我国大量存在的"头顶库"难题，溃坝泥沙演进规律的研究意义重大，为此我国学者采用数值仿真和相似模拟方法深入研究分析了尾矿库溃坝泥沙演进规律及可能的致灾后果，为应急措施的制定与完善提供科学依据。国外学者在滑坡、泥石流等自然灾害领域的研究成果同样具有重要的参考意义。

目前岩土工程研究手段主要有包括理论分析、数值模拟、现场试验与缩尺物理试验。而针对尾矿库这一研究对象，由于溃坝泥浆破坏性巨大，一旦触发不易控制，且具备个体独立性，现场重复试验几乎不可能实现。并且多数情况下，尾矿库溃坝演进研究具有超前性，以评估设计方案可能引发的灾害风险及其可行性，现场试验无法满足此类超前研究的需求；而采用理论分析此类问题时，需以理想化的初始条件与边界条件假设为前提，可信度有待更多案例验证。相比之下，缩尺物理模拟与数值模拟具有高效率、低成本、条件设置灵活等优势，在滑坡、泥石流、溃坝等强破坏性自然灾害研究中扮演着不可替代的角色。

然而尾矿库溃坝演进研究是涉及土力学、水力学、流体力学等多学科交叉的复杂议题，且溃坝尾矿泥流具有复杂的流变特性、大规模变形量与独特的下游地形，为其演进规律的分析与预测带来了巨大挑战，国内外学者对此开展了大量研究。郑欣等使用流体计算软件模拟了溃坝砂流演进过程，得出淹没范围、时间、流速等参数，据此估算出灾害生命损失，但研究存在大量假设条件且未考虑下游地形，为结果带来了较多不确定性；刘洋等通过数值模拟对比验证 2009 年河北省某尾矿库溃坝事故案例中泥石流演进过程，总结出淹没范围、速度、厚度随时间的变化规律，并模拟出拦挡导流坝防护效果显著。然而大量研究表明，常规基于网格的数值模拟方法诸如有限差分法（finite difference method，FDM）与有限元法（finite element method，FEM）在求解大变形及带有自由面的流体问题时常常会因网格缠绕、扭曲与畸变导致结果失真。近些年基于光滑粒子动力学（smoothed particle hydrodynamics，SPH）的无网格方法在地质灾害领域得到了广泛应用。例如，Huang 等利用 SPH 方法分析了汶川地震诱发的滑坡体下泄，与实际观测结果比对得到了较好的一致性；Vacondio 等将 SPH 方法应用到滑坡体引发洪水的演进行为模拟，结果显示最大淹没范围与深度均与实测数据基本吻合。在上述研究中，如何对数值模拟结果开展实例验证是必不可少的重点及难点部分，多数学者采用数值模拟还原已发生事故案例的方法，但仍存在数据收集困难的问题。

实验室缩尺物理模拟试验是探寻溃坝演进规律的另一种常用手段，结合数值模拟结果验证分析往往能够得到理想效果。McDougall 与 Hungr 利用基于 SPH 数值计算方法分析了滑坡体在复杂 3D 地形上的快速运移特征，并设计实验装置开展一系列物理模拟比对验证，结果表明该模型能够较好地预测滑坡体演进的方向、流速与深度等关键参数；张力霆等利用自主研发的尾矿库模型试验平台进行了坝体排渗系统失效致使浸润线持续升高而诱发溃坝的缩尺模型试验，分阶段描述溃决破坏形式；张兴凯等利用雷达干涉仪、高速摄像机、流速仪等仪器的模型试验装置模拟分析洪水漫顶溃决过程，得出了溃坝位移与坝体饱和度的关系；尹光志等以云南某尾矿库设计资料为依据，对不同高度尾矿坝瞬间全溃后的泥浆演进规律及动力特性进行研究，结果表明溃决泥浆淹没高程、冲击强度、运移速度均与坝高有关，冲击强度峰值在泥深峰值之前出现。郑欣等使用 CFD 软件模拟溃坝砂流演进过程，得出淹没范围、时间、流速等参数，据此估算出灾害生命损失，但研究存在大量假设条件且未考虑下游地形；刘洋等通过数值模拟对比验证河北某尾矿库溃坝事故案例中泥石流演进过程，总结出淹没范围、速度、厚度随时间的变化规律，并模拟出拦挡导流坝防护效果显著。在应急撤离方案方面，张士辰等针对溃坝情况下应急撤离路径灾民分流优化配置问题，建立基于最优化理论与运筹学的分配机制；黄诗峰等探索了基于 GIS 网络分析功能的灾民撤离过程仿真技术，为洪水灾害应急措施的制定提供依据。

1.2.4 尾矿库安全管理国内外现状

1.2.4.1 尾矿库安全管理国外现状

科学合理的安全管理方法与健全的配套标准规范是尾矿库安全运营的基本保障，将在灾害防控工作中发挥出事半功倍的作用。Schoenberger 深入研究分析了巴布亚新几内亚 Ok Tedi 与加拿大 Mout Polley 两起重大溃坝事故深层次原因，并列举了美国 McLaughlin 尾矿库长达二十年的安全与环保成功管理案例，批判性地揭露出溃坝事故频频发生的根本症结在于矿山安全管理方法缺陷或执行不力，而绝非工程技术层面的瓶颈。

美国、加拿大、澳大利亚等矿业发达国家在尾矿库安全管理方面积累了丰富的经验。加拿大作为世界上矿山事故率最低的国家之一，由大坝协会 CDA 与矿业协会 MAC 共同制定了非常完善的尾矿库安全管理框架。CDA 于 2014 年出版技术报告，详细诠释了大坝安全相关概念及技术规范在尾矿坝领域的适用性，并作必要补充；MAC 发布了《OMS 手册指南》，即 OMS 手册（Operation, Maintenance and Surveillance Manual）的制定规范，矿山企业在设计阶段据此独立编写相应的 OMS 手册，从而构成完整的企业安全管理体系，督促企业维护职工及公众权益、遵守政府法规与集团政策、尽职尽责开展安全管理，并在实践中持续改进；同时 MAC 还发布了《尾矿设施管理指导》（the Tailings Guide），附有详细的安全检查清单，旨在明确安全与环保主体责任、帮助企业建立安全管理体系、健全库区建设工程管理准则；在 Mount Polley 事故后，MAC 公布报告，探讨反思在可持续矿业（towards sustainable mining, TSM）协议框架下的管理规范可否防止该溃坝事故的发生，并总结提出修改完善《尾矿设施管理指导》及《OMS 手册指南》，增添设计运营各环节独立审查流程、最优技术方案评估遴选准则、加强已闭库尾矿库管理、共享成熟管理案例经验、整改低等级库工作计划等 29 条具体建议；事故发生地 BC 省于 2016 年 7 月更新矿业标准，规定尾矿库需新增设具有从业资质且无利益相关的资料记录工程师（engineer of record, EOR），在库区易主或其他变更发生时保证数据、报告、安全记录等资料档案的完整且准确交接。

在澳大利亚，大坝委员会（Australian National Committee on Large Dams, ANCOLD）成员矿业公司在尾矿库安全管理方面积累了大量成功实践案例，ANCOLD 标准虽未对管理体系做出详细规定，但在技术指标方面比 CDA 更加严格，高度重视尾矿坝的安全监测，以揭示坝体堆积过程中结构及其稳定性的演变规律，并及时做出有效调整；维多利亚州对尾矿库安全管理全生命周期内的设计阶段选址、渗流、污水处置、氰化物管理与闭库规划，建设阶段行政审批与资料管理，运营阶段组织结构、尾矿输送与坝体堆积方式、安全环保监测以及资料存档，闭库阶段覆盖材料、地貌恢复、复垦方案及进度计划，闭库后的防洪、渗流与腐蚀防控、复垦状态及水质监测均做出了详细要求，并附上了各环节工作流程图与检查清单。

美国 SANS 研究所颁布的标准同样拥有大量尾矿库安全管理成功案例，区别在于 SANS 标准未详细规定管理体系职位及其责任划分，将权力下放增强企业自主决定权，称身裁衣提高管理效率；欧盟委员会于 2009 年发布了尾矿管理最佳可行技术（best available techniques, BAT）的指导文件，明确了最小化尾矿排放量、最大化综合利用量、风险评估管理、潜在灾害应急准备、减少污染物泄漏的基本原则，并且对尾矿库从设计到闭库的全生命周期安全管理内容做出详细规定：在设计选址阶段要求论证闭库后长远影响、生态环境保护、人文社会与区域经济背景、风险评估与应急准备计划、安全监测方案、粉尘防治等问题；在建设阶段需重视施工方案、图纸资料归类、专家监理等；运营阶段的规定包括实时监控、监测数据与尾矿排放日志维护、日常安全巡查、操作流程规范、事故责任界定、应急预案维护、安全状态独立审查等；闭库及闭库后阶段的规定包括基础设施维护、极端事件（地震、洪水、台风）应急、土壤与水污染防治、水冲冰冻风化腐蚀、土地恢复等。国际大坝协会（International Commission on Large Dams，ICOLD）分析了大量事故案例，总结出尾矿库溃坝事故预防的四个关键点：建设初期质量控制、排洪设施有效维护、操作技术规范掌握，以及管理责任明确落实。

结合 Roche 等统计 1915~2016 年发生的尾矿库溃坝事故原因与世界能源信息服务统计的 2017 年至 2023 年 10 月的事故原因（见图 1-2），除 67 起事故因时间久远或矿方不愿公布或其他原因缺乏记录，51 起事故由强降雨引发洪水漫顶溢流侵蚀坝体，32 起事故因静态恒定载荷下坝体边坡过度位移而产生失稳，27 起事故因发生超过设计承受能力地震导致尾砂液化引发溃坝，18 起事故原因归纳为内部液体渗流导致坝体内部侵蚀、浸润线抬高，18 起事故起因归结为设计缺陷或设计结构应有功能失效（如排洪系统破坏、隧洞堵塞等），17 起事故因坝体基底失效或基质岩层调查不足引起，7 起事故因降雨、地表径流等外部侵蚀破坏坝体引起，2 起事故因采空区沉陷导致。

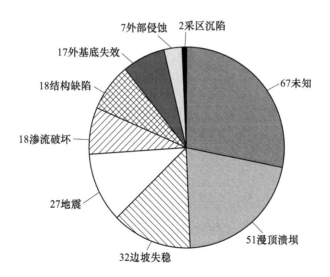

图 1-2 1915~2016 年尾矿库溃坝事故原因统计

1.2.4.2 尾矿库安全管理国内现状

我国尾矿库安全由国家及地方安全生产监督管理部门管理，各省市根据需要在国家法律法规及行业标准的基础上颁布地方性法规与规范，尾矿库经营单位制定规章制度与操作规程，形成自上而下的法律法规及标准规范体系，表 1-2 列举了部分国家及地方现行尾矿库相关技术规范。

表 1-2　我国尾矿库管理现行技术规范

序号	发布机构	标准名称	实施日期
1	应急管理部、国家市场监督管理总局	《尾矿库安全规程》	2021-09-01
2	原安全监管总局	《金属非金属矿山安全标准化规范尾矿库实施指南》	2017-03-01
3	河南省质监局	《尾矿库人工安全监测检查技术规范》	2016-11-11
4	北京市质监局	《尾矿库建设生产安全规范》	2016-07-01
5	住建部/质监总局	《尾矿堆积坝排渗加固工程技术规范》	2016-05-01
6	住建部	《尾矿库在线安全监测系统工程技术规范》	2016-02-01
7	安徽省质监局	《金属非金属矿山尾矿库安全质量评审准则》	2016-01-30
8	河北省质监局	《尾矿库重大危险源辨识与分级》	2016-01-01
9	江西省质监局	《尾矿库安全检测技术规范》	2015-07-01
10	原环境保护部	《尾矿库环境风险评估技术导则（试行）》	2015-04-01
11	河北省质监局	《尾矿库生产运行作业规范》	2015-03-01
12	住建部	《尾矿设施施工及验收规范》	2014-06-01
13	住建部	《尾矿设施设计规范》	2013-12-01
14	山东省质监局	《金属矿山尾矿干排安全技术标准》	2012-04-01
15	黑龙江省质监局	《金属非金属地下矿山和尾矿库重大危险源监测预警系统建设规范》	2011-05-12
16	安全监管总局	《尾矿库安全监测技术规范》	2011-05-01
17	住建部/质监总局	《尾矿堆积坝岩土工程技术规范》	2010-07-01
18	住建部	《核工业铀水冶厂尾矿库、尾渣库安全设计规范》	2010-04-01
19	辽宁省质监局	《尾矿干式回采过程安全规程》	2010-01-09
20	安全监管总局	《尾矿库安全技术规程》	2006-03-01
21	原中国有色金属工业总公司	《尾矿设施施工及验收规程》	1996-04-01

国家安全监管总局于 2011 年公布修订版《尾矿库安全监督管理规定》，对尾矿库建设、运行、回采、闭库等环节程序及其安全管理监督做出了明确指示；李全明等围绕法规标准、生命周期管理流程、关键设计参数、施工管理、安全监测、闭库流程等方面对比了我国与加拿大尾矿库安全管理现状，提出完善闭库与复垦法规标准、设立复垦与环保基金、根据安全性与溃坝严重性划分等级、提高防洪与安全系数设防标准等具体建议；李仲学等运用系统分析方法，提取分类尾矿库设计、建设、运营与闭库全生命周期的风险因素，包括技术因素、外部环

境、人为因素与法规标准，运用计划、实施、检查、处理循环过程的 PDCA 模式持续改进方法，构建出各环节 Safety Case 安全管理体系框架；王涛等运用定性与定量相结合的层次分析法确定并排序尾矿库排洪、回水、输送与堆存等系统影响安全运行的因素权重，得出排洪与调洪能力是正常运行的主导因素，为安全管理指明了侧重点；谢旭阳等综合规模等级、服务年限、筑坝方式、排洪设施等 11 个方面分析了我国尾矿库安全现状与不足，提出落实企业主体责任、完善内部制度规程、规范尾矿库设计及安环评价流程、加强从业人员培训等建议。

综上所述，我国拥有完整的国家及地方标准规范体系，但相较于发达国家，尾矿库安全管理仅局限于全生命周期的运营阶段，而对于规划设计、建设、闭库及闭库后等环节缺乏重视。随着我国经济社会进步与安全环保标准提高，亟须学习借鉴国外尾矿库全生命周期管理先进理念与成熟经验，顺应"绿色矿山"发展趋势，在各环节全面考虑、具体论证对生态环境与人文社会的长远影响，以及安全管理与应急准备计划的可行性；另外，在总结事故教训方面同样需要进一步加强。

2 尾矿坝静动力条件下稳定性分析

2.1 尾矿坝渗流稳定性分析

尾矿坝发生渗流是无法避免的，但坝体渗流量过大会造成土的冲蚀、滑坡等危害，因此坝体的渗流必须得到严格的控制，保证工程服务的年限。尾矿坝在运行与管理中，通过对已知渗流区域的渗流量、浸润线分布、压力坡降等水力要素进行渗流稳定性分析，进而选择合适的设计方案和可靠的管理手段。坝体浸润线称为尾矿坝的生命线，有资料表明浸润线每增加 1m，其稳定性提高 0.05，因此浸润线位置是核准坝体稳定性的必备资料。在坝体分析中，希望浸润线埋深较深，若浸润线埋深较浅，其可能会在坝坡面溢出对坝体进行冲刷造成溃坝的可能，并且可能出现渗流水对下游环境造成污染的情况，或者浸润线埋深小于冻土层厚度引起坝体表面开裂。尾矿坝渗流分析计算首先要确定浸润线的位置，为坝体扩容加高、稳定性分析和液化判别提供依据。同时通过渗流分析，研究渗流破坏和渗透变形，从而为坝体防渗和排渗设计提供依据。

Geo-Studio 是由 GEO-SLOPE 公司开发的一款针对岩土工程模拟计算的软件，其内有八大模块，可对边坡稳定性、地下水渗流、岩土应力应变、地震响应、地热分布、水污染运输、空气流动和地表表层综合渗流蒸发进行独立分析，也可根据工程实际需要联合运用多个模块进行耦合分析，在对御驾泉尾矿坝渗流模拟计算中，采用的是 Geo-Studio 系列软件中的 SEEP/P 模块。SEEP/P 模块可对不同的工程条件的岩土地下水渗流进行稳定渗流模拟或条件多变的非稳定地下水渗流模拟，是一款功能强大的二维有限元分析程序。程序结合了饱和渗流和非饱和渗流土力学理论，在程序中输入划分好的土层物理力学参数（如渗透系数、饱和含水量等），可以自动生成它们的渗透系数与土粒含水量随基质吸力变化曲线。同时还可以根据工程试验数据对曲线进行调整，满足不同土样试验的试验结果和工程要求。

SEEP/W 程序在边界设置上灵活变通，对很多复杂的边界条件和初始条件可以很好地再现。例如对降雨条件下引起库水位急剧升高的渗流问题可以很好地仿真模拟。该程序采用固定网格技术对模型进行网格划分，在分析计算中不用修改网格和边界的坐标位置，并且对零压自由面是在计算过程中自动搜寻得到，有效地避免了假设自由面带来的误差和单元畸形的错误，能够解决工程中渗透系数相差悬殊的自由边界渗流问题。

2.1.1 渗流基本理论

2.1.1.1 达西定律

达西定律是由法国工程师达西在多次渗流实验后总结得到的，描述了水在土粒中渗流速度与能量损失之间的关系，在满足层流的条件时，渗流速度与断面截面成正比，与渗径长度成反比，达西渗透装置如图 2-1 所示。

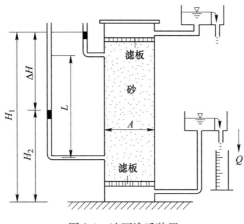

图 2-1　达西渗透装置

表达式为

$$Q = AK = \frac{h_1 - h_2}{L} \tag{2-1}$$

或

$$v = \frac{Q}{A} = -k\frac{\mathrm{d}h}{\mathrm{d}s} = kJ \tag{2-2}$$

式中　Q——渗透流量，$\mathrm{m^3/s}$；
　　　A——土体截面面积，$\mathrm{m^2}$；
　　　v——平均流速，$\mathrm{m/s}$；
　　　J——渗透比降；
　　　k——渗透系数；
　　　h——测压管水头高度，m。

$$h = \frac{p}{\gamma} + z \tag{2-3}$$

式中　p——压强；
　　　γ——水的容重，$\mathrm{N/m^3}$。

在达西定律的运用中发现其并不适用一切渗流运动，在后来的研究中发现其应用范围只在层流中，判别土层是否适用达西定律可以通过计算土的雷诺数，计算过程如下：

$$Re = \frac{vd}{(0.75n + 0.23)\nu} \tag{2-4}$$

式中　n——孔隙比；

　　　d——土的有效粒径；

　　　v——渗流速度；

　　　ν——液体运动黏滞系数。

当上述参数获取困难时，也可根据广义达西定律的上限值大致确定土层的雷诺数，欧德列通过总结工程实例得到了通过有效粒径 d_{10} 与水力坡降间的关系，如下：

$d_{10} =$ 0.05mm　　0.10mm　　0.20mm　　0.50mm　　1.00mm

$J \leqslant$ 　0.1　　　　0.8　　　　12　　　　100　　　　800

2.1.1.2　稳定渗流基本方程

岩土地下水渗流理论经过多年的发展，理论已趋于成熟，本书运用的渗流基本方程和边界条件如下：

$$\frac{\partial}{\partial x}\left(k_x \frac{\partial H}{\partial x}\right) + \frac{\partial}{\partial y}\left(k_y \frac{\partial H}{\partial y}\right) = 0 \qquad 在 \Omega 内 \tag{2-5}$$

$$H(x,y)\big|_{S_1} = f(x,y) \qquad 在 S_1 上 \tag{2-6}$$

$$H(x,y)\big|_{S_3+S_4} = y(x) \qquad 在 S_3 和 S_4 上 \tag{2-7}$$

$$k_x \frac{\partial H}{\partial x}\cos(n,x) + k_y \frac{\partial H}{\partial y}\cos(n,y) - q = 0 \quad 在 S_2 上 \tag{2-8}$$

式中　H——水头函数；

　k_x，k_y——x、y 方向渗透系数；

　　　Ω——渗流区域；

　　　S_1——水头值的边界曲线；

　　　S_2——给定流量边界曲线；

　　　S_3——浸润线；

　　　S_4——逸出段；

　　　q——边界上的单宽流量；

　　　n——边界的法线方向。

对于各向同性的介质，即 $k_x = k_y = k$，式（2-5）可简化为 $\frac{\partial H}{\partial n} = 0$，对于稳定渗流场，可等价求解下列泛函的极值问题，即：

$$[H(x,y)] = \frac{1}{2}\iint\limits_{\Omega} k_x \left(\frac{\partial H}{\partial x}\right)^2 + k_y \left(\frac{\partial H}{\partial y}\right)^2 dxdy = \min \tag{2-9}$$

$$H(x,y) = f(x,y) \qquad 在 S_1 上 \tag{2-10}$$

2.1.1.3 有限元渗流方程理论

有限元渗流求解就是将渗流基本方程中 $H(x,y) = f(x,y)$ 和边界条件方程求极值的过程，过程如下。

在 Ω 处：

$$I(H) = \iint\limits_{\Omega} \frac{1}{2}\left[k_x\left(\frac{\partial H}{\partial x}\right)^2 + k_z\left(\frac{\partial H}{\partial z}\right)^2 \right] \mathrm{d}x\mathrm{d}z \tag{2-11}$$

在形函数 N_i 构成的 m 个节点单元内：

$$H(\xi,\eta) = \sum_1^m N_i(\xi,\eta) H_i \tag{2-12}$$

$I^e(H)$ 代表单元 e 的泛函数为：

$$I^e(H) = \iint\limits_{\Omega} \frac{1}{2}\left[k_x\left(\frac{\partial H}{\partial x}\right)^2 + k_z\left(\frac{\partial H}{\partial z}\right)^2 \right] \tag{2-13}$$

可换算得到矩阵计算式：

$$\begin{Bmatrix} \dfrac{\partial I_1^e}{\partial H_1} \\[2mm] \dfrac{\partial I_1^e}{\partial H_2} \\[2mm] \vdots \\[2mm] \dfrac{\partial I_1^e}{\partial H_m} \end{Bmatrix} = \begin{bmatrix} k_{11} & k_{12} & \cdots & k_{1m} \\ k_{21} & k_{22} & \cdots & k_{2m} \\ \vdots & \vdots & \ddots & \vdots \\ k_{1m} & k_{2m} & \cdots & k_{mm} \end{bmatrix} \begin{Bmatrix} H_1 \\ H_2 \\ \vdots \\ H_m \end{Bmatrix} = [\boldsymbol{K}]^e \{\boldsymbol{H}\}^e \tag{2-14}$$

$$\left\{ \frac{\partial \boldsymbol{I}}{\partial \boldsymbol{H}} \right\}^e = [\boldsymbol{K}]^e \{\boldsymbol{H}\}^e \tag{2-15}$$

上式中单元渗透矩阵为：

$$[\boldsymbol{K}^e] = \begin{bmatrix} k_{11} & k_{12} & \cdots & k_{1m} \\ k_{21} & k_{22} & \cdots & k_{2m} \\ \vdots & \vdots & \ddots & \vdots \\ k_{m1} & k_{m2} & \cdots & k_{mm} \end{bmatrix} \tag{2-16}$$

在矩阵表达式中，元素的含义为：

$$k_{ij} = \iint\limits_{e} \left[k_x \frac{\partial N_i}{\partial x} \frac{\partial N_j}{\partial x} + k_z \frac{\partial N_i}{\partial z} \frac{\partial N_j}{\partial z} \right] \mathrm{d}x\mathrm{d}z \tag{2-17}$$

$$F_i^e = \int_{-1}^1 \int_{-1}^1 f(\xi,\eta)\,\mathrm{d}\xi\mathrm{d}\eta = \sum_{i=1}^n \sum_{k=1}^n A_i A_k f(\xi,\eta) \tag{2-18}$$

以上计算式计算了一个单元 e 内的泛函数，在 m 个单元节点内水头函数求导可得：

$$[K]\{H\} = \{F\} \tag{2-19}$$

式中　　$[K]$——总体渗透矩阵表达式；

　　　　$\{H\}$——自由列向量；

　　　　$\{F\}$——未知水头列向量。

综合以上各个公式，用有限元的方法求解未知水头函数，通过边界条件计算式可得各节点的水头值进而得出渗流场。

2.1.2　建立渗流分析模型

2.1.2.1　计算模型建立

本书选取华东地区某尾矿库作为研究对象，其尾矿坝主坝采用上游法筑坝，初期坝是以采矿废石为主堆筑的滤水堆石坝，初期坝坝底标高+255m，坝高29m，坝顶宽4m，内外坡比均为1/2。堆积坝筑坝工艺为选矿废石堆筑子坝+土工布+分级尾砂护坡，子坝每升高3m留设一个台阶，升高6m预留一个平台，宽40m。子坝内、外坡比约为1：1.6，堆积坝平均外坡比约为1：4.0。已在初期坝坝顶标高上筑完第21期子坝，21期子坝坝顶现状标高+349m，库内水位+340m，坝长1186m，坝体高93m（包括初期坝高度），堆存尾矿量为 $2.600×10^7 m^3$。堆积坝设计堆积到标高+370m，总坝高114m（自坝基沟底标高+256～+370m），总库容 $5.255×10^7 m^3$，尾矿坝汇水面积为 $1.93 m^2$。矿山设计尾矿库尾砂沉积滩0～100m内坡度为1.5%，100～200m内坡度为1%，200m至水面边线坡度为0.4%，平均坡度约为0.6%，属于二等库。

尾矿坝主要由碎石土、尾粉细砂、尾粉土、尾粉质黏土、尾黏土和原地面粉质黏土等组成，尾矿粒径组成如表2-1所示。

表2-1　尾矿粒度组成表

尾砂	粒径范围/μm	累积/%
尾粉细砂	>61	26
尾粉土	45～61	22
尾粉质黏土	29～45	23.5
尾黏土	0～29	28.5

御驾泉尾矿库为山谷型库，沟口较为开阔，坝轴线长度超过1km，根据矿山提供的勘察资料可知，尾矿库坝体各个勘察剖面土层和渗透系数均类似，根据相关工程经验，剖面一般选取沉积厚度最大且靠近坝体中间的位置。尾矿库目前堆积到21期子坝，标高为+349m，后面逐步加高扩容到28期子坝，标高为+370m。本书研究的重点是预测尾矿库加高扩容后尾矿库的运行情况，考虑各种极限条件下其能否正常运行，为矿山今后工作提供一定的参考指导意见，同时辅以模拟在

标高+349m 时尾矿坝的渗流情况，并选取截面附近尾矿坝浸润线监测点数据与模拟浸润线相对比，验证模拟的正确性。

由矿山提供的资料知尾矿库正常运行时干滩长度不小于 600m，矿山设计干滩长度为 800m，建立模型如图 2-2、图 2-3 所示。第 21 期子坝标高+349m 时的剖面纵深长为 1186m，加高扩容后标高+370m 时的剖面纵深为 1293m，其中上游定水头边界为沉积滩界面，下游定水头边界面为堆积坝和初期坝坡面。

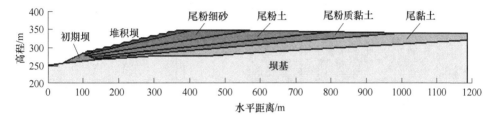

图 2-2　21 期坝（坝高+349m）

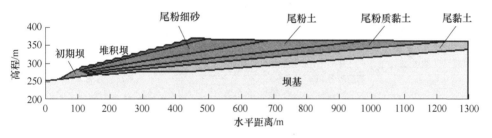

图 2-3　加高扩容后（坝高+370m）

2.1.2.2　计算参数选取

渗流分析须知各分层尾砂的渗透系数，根据实验得到各分层尾砂的渗透系数如表 2-2 所示。

表 2-2　各尾砂层渗透系数

岩土名称	初期坝	堆积坝	尾粉细砂	尾粉土	尾粉质黏土	尾黏土	岩基
渗透性 /cm·s^{-1}	透水	透水	4.33×10^{-4}	1.50×10^{-4}	5.98×10^{-4}	7.50×10^{-4}	不透水

尾矿坝坝基在坝体最底层，属于不透水层，在渗流分析计算中采用非饱和材料渗透模型。尾粉细砂、尾粉土、尾粉质黏土和尾黏土采用非饱和-饱和渗透模型。堆积坝和初期坝是透水层水流在其中一维流动。在非饱和材料中对渗流影响较大的是土粒的基质吸力，在土层中基质吸力与含水量相互影响，水从含水量高的地方流向含水量低的土层，即基质吸力高的土粒从基质吸力低的土粒引流，而土层含水量也会影响渗透系数的大小。

　　在 SEEP/W 模块中可以根据输入土粒的水力参数而得出其水土特征曲线。它综合了土壤的孔隙率、结构、含水量和渗透系数间的关联。水土特征曲线（SWCC）综合反映了土壤内部孔隙、结构和质地等物理性质的特征。在 SEEP/W 中有 4 种模型：体积含水量数据点函数、Kovacs 修正模型、Fredlund and Xing 模型、Van Genuchten 模型，本书选用 SEEP/W 模块中的体积含水量数据点函数，结合 Fredlund and Xing 模型拟合各尾砂层的渗透系数函数和水土特征曲线与基质吸力间的关系。图 2-4~图 2-7 是各个尾砂层的渗透函数曲线与水土特征曲线。

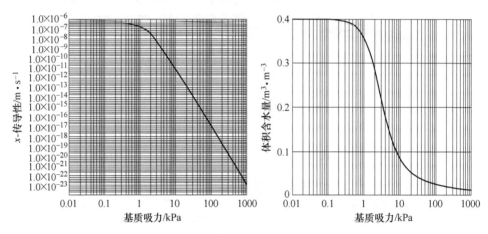

图 2-4　尾粉细砂渗透函数与水土特征曲线

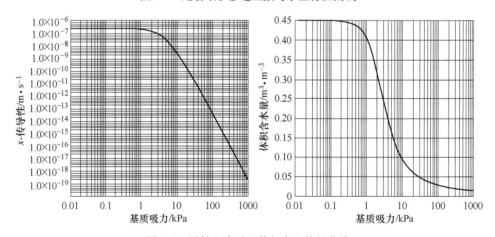

图 2-5　尾粉土渗透函数与水土特征曲线

2.1.2.3　边界条件

　　边界条件和渗透系数是尾矿坝模拟的内外部条件。为保证渗流计算的准确性，需根据工程地质设置合理的边界条件和尾砂的渗透系数。在对御驾泉尾矿坝标高+349m 和+370m 断面不同工况进行二维渗流计算时，先根据尾矿赋存情况

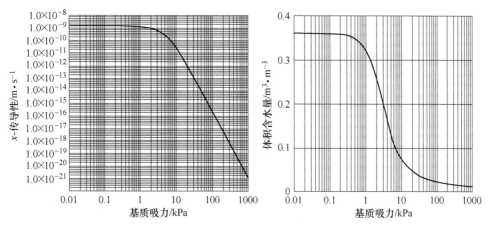

图 2-6　尾粉质黏土渗透函数与水土特征曲线

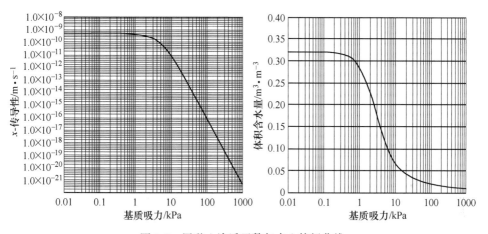

图 2-7　尾黏土渗透函数与水土特征曲线

确定模型的大小和边界条件,以确保模型建立的准确性。边界条件中的水位边界
根据不同工况下的干滩长度确定。尾矿坝坡面没有水头,下游水头为初期坝坝
底,坝体底部以不透水边界处理。水位条件如表 2-3 所示。

表 2-3　模型边界条件

序号	坝体高度/m	运行条件	干滩长度/m	水位条件
1	349	正常运行	800	340
2	370	正常运行	800	365
3	370	洪水运行	100	368.5

　　坝体剖面较长,+349m 标高剖面模拟计算网格剖分如图 2-8 所示,共分 16
层 5132 个单元(一般层厚为 6m)。+370m 标高模拟计算网格剖分如图 2-9 所示,
共分 19 层 7419 个单元(一般层厚为 6m)。

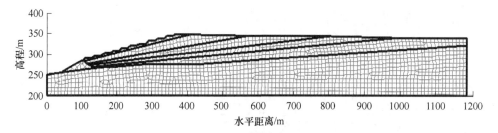

图 2-8　+349m 标高网格剖分图

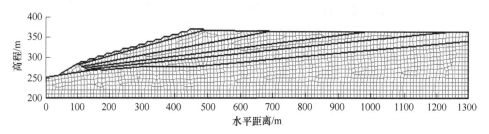

图 2-9　+370m 标高网格剖分图

2.1.3　渗流分析

2.1.3.1　渗流量结果

渗流量是衡量一座尾矿库运行状况的重要指标，能够为尾矿库的排水和防渗提供重要依据，通过 SEEP/W 模块中的查看截面流量功能，可得出不同工况下该截面的渗流量，结果如表 2-4 所示。

表 2-4　渗流量计算结果

序号	坝体标高/m	运行条件	干滩长度/m	单宽渗流量/m³·s⁻¹
1	+349	正常运行	800	2.026×10^{-8}
2	+370	正常运行	800	3.376×10^{-8}
		洪水运行	100	2.139×10^{-6}

图 2-10 ~ 图 2-12 是不同坝高和工况条件下的边坡面渗流量。在 SEEP/W 中设置水流由坝体渗流向外部边界时，水流量为正值；水流由外部边界渗流入坝体内部时，水流量为负值。单宽渗流量是指在尾矿坝模型上选取截面，累积该截面在单位时间内的渗流量。由渗流图可以看出，坝体加高后，随着坝体水位标高增加，水势能相应增大，渗流路径虽有所增加，但水力坡度增大仍导致渗流量增大。尾矿坝标高+370m 断面在正常运行、洪水运行两种工况下的单宽渗流量分别为 $3.376 \times 10^{-6} \mathrm{m}^3/\mathrm{s}$ 和 $2.139 \times 10^{-6} \mathrm{m}^3/\mathrm{s}$。分析原因是干滩长度变短，

水势能增大，渗流路径减短，相应单宽渗流量增大。若以此为尾矿坝全长截面内的平均渗流量，运用积分原理可知尾矿坝在标高+349m正常工况下全线渗流量约为24.03cm^3/s，在标高+370m正常工况和洪水工况下全线渗流量分别为43.65cm^3/s和2766cm^3/s。从计算结果可知尾矿坝在正常工况下渗流量很小，在洪水工况下渗流量显著增大。因此，矿山方面应保证尾矿库运行保持足够的干滩长度。

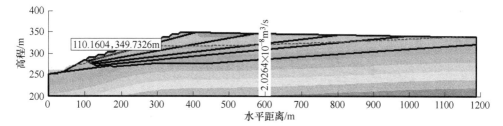

图 2-10   +349m 截面渗流量

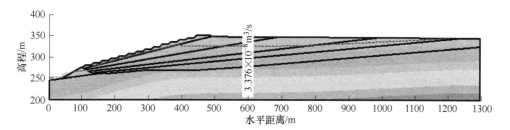

图 2-11   +370m 干滩 800m 截面渗流量

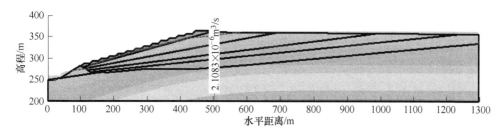

图 2-12   +370m 干滩 100m 截面渗流量

2.1.3.2   浸润线分布

由数值模拟结果结合现场监测数据，分析当前尾矿库在标高+349m时和最终扩容加高至标高+370m时，正常工况运行下与洪水运行工况运行下浸润线的分布。

（1）标高+349m坝高。图 2-13 与图 2-14 分别表示坝体标高在 349m 时的浸润线和总水压力分布、浸润线和孔隙水压力分布，从图 2-14 中可知总水压力随标高的增加而增大最大值为 335kPa。从图 2-14 可知坝体孔隙水压层状分布，水压在底层最大为 120kPa，符合分布规律。表 2-5 所列为剖面附近选取的六个监测点监测数据，在模拟出的浸润线图中根据实际监测数据绘制相应的监测浸润线并作比较。图 2-15 为监测水位与模拟水位浸润线的对比，显示两者重合度很高，验证了模拟结果的准确性。图中 6 个点样表示监测点位置，其中标高+284.7m 和 +292.75m 的监测点因距离过近导致大部分重合。

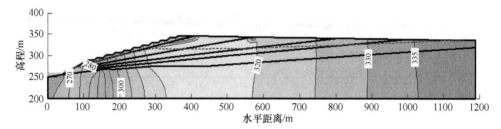

图 2-13　干滩 800m 浸润线和总水压力分布

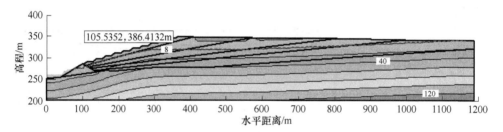

图 2-14　干滩 800m 浸润线和孔隙水压力分布

表 2-5　矿山监测点浸润线埋深

时间	标高/m					
	277.79	284.7	292.75	296.81	336.16	347.95
2018 年 5 月 30 日	无水	无水	9.27	9.95	22.4	15
2018 年 6 月 1 日	无水	无水	9.27	9.95	22.3	14.94
2018 年 6 月 15 日	无水	无水	9.27	10	22.3	14.95
2018 年 6 月 20 日	无水	无水	9.27	10.07	22.35	14.95
2018 年 6 月 21 日	无水	无水	9.27	10.07	22.36	14.93
2018 年 6 月 22 日	无水	无水	9.27	10.07	22.32	14.95
2018 年 6 月 23 日	无水	无水	9.26	10.2	22.35	14.93
2018 年 6 月 26 日	无水	无水	9.24	10.15	22.35	14.92
2018 年 6 月 27 日	无水	无水	9.43	8.23	22.37	14.9

时间	标高/m					
	277.79	284.7	292.75	296.81	336.16	347.95
2018 年 6 月 28 日	无水	无水	9.43	8.2	22.32	14.93
2018 年 6 月 29 日	无水	无水	9.25	8.2	22.35	14.93
2018 年 6 月 30 日	无水	无水	9.25	8.25	22.35	14.94
2018 年 7 月 1 日	无水	无水	9.26	8.2	22.32	14.9
2018 年 7 月 2 日	无水	无水	9.25	8.2	24.27	14.88
2018 年 7 月 3 日	无水	无水	9.25	8.2	22.22	14.89
2018 年 7 月 4 日	无水	16.77	9.25	8.2	22.22	14.89
2018 年 7 月 5 日	无水	16.76	9.25	8.2	22.22	14.89
2018 年 7 月 6 日	无水	16.76	9.25	8.15	22.22	14.9
2018 年 7 月 7 日	无水	无水	9.25	8	22.22	14.9
2018 年 7 月 8 日	无水	10.77	9.33	8.2	24.38	14.98
2018 年 7 月 9 日	无水	无水	9.26	8.2	22.33	14.92
2018 年 7 月 10 日	无水	无水	9.27	8.25	22.32	14.9
2018 年 7 月 11 日	无水	无水	9.26	8.2	24.38	14.89
2018 年 7 月 12 日	无水	无水	9.28	8.25	22.32	14.98
2018 年 7 月 13 日	无水	无水	9.27	8.25	22.32	14.9
2018 年 7 月 14 日	无水	无水	9.27	8.25	22.23	14.9

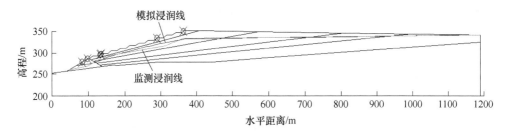

图 2-15　监测水位与模拟水位对比

标高+277.79m 处监测点位未监测出有水渗出，+284.7m 处监测点偶尔出现水流，是由于这两点在透水初期坝中，水力坡度下降幅度大，水位埋深较大，而监测装置埋深不足，未能测得水位标高数据。

（2）标高 +370m 坝高。从图 2-13、图 2-16、图 2-17 的渗流模拟结果显示，在相同的干滩长度下，标高+370m 的浸润线埋深小于标高+349m 的浸润线埋深。在相同标高下洪水工况的浸润线埋深小于正常工况的浸润线埋深，符合矿山的实际情况。坝体标高+349m 时堆积坝坝高为64m，浸润线最小埋深为 8.17m，符合规程要求的浸润线最小埋深，如表 2-6 所示；坝体标高 +370m 时堆积坝高为 85m，在正常运行干滩长度为 800m 时最小浸润线埋深为 7.53m，洪水运行干滩长度为 100m 时浸润线最小埋深为 7.17m，可知两种工况下均满足规范要求。

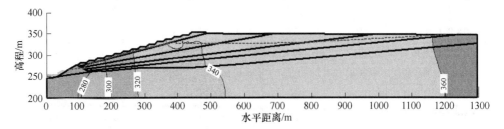

图 2-16　+370m 坝高干滩 800m 浸润线和总水压力分布

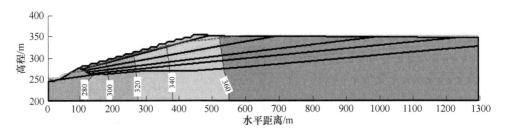

图 2-17　+370m 坝高干滩 100m 浸润线和总水压力分布

表 2-6　尾矿坝浸润线最小埋深

堆积坝坝高/m	$H>150$	$150 \geqslant H \geqslant 100$	$100>H \geqslant 60$	$60>H \geqslant 30$	$H<30$
最小埋深/m	10~8	8~6	6~4	4~2	2

2.1.4 渗流稳定性分析

工程上渗流问题是指在渗流中土体发生变形或破坏的现象，因此需要确定尾矿坝的稳定性不仅要清楚浸润线分布，还需分析其渗流破坏类型与临界水力坡降和允许水力坡降。

2.1.4.1 渗流变形

渗流变形主要指流土、管涌。其他破坏形式还有接触冲刷和接触流。根据水利水电工程地质勘察规范（GB 50287—99），管涌与流土应根据土体的细粒含量确定，判定方法如下所示。

（1）流土型判别：

$$p_c \geqslant \frac{1}{4(1-n)} \times 100\% \tag{2-20}$$

（2）管涌型判别：

$$p_c < \frac{1}{4(1-n)} \times 100\% \quad\quad (2\text{-}21)$$

式中 p_c——土的细颗粒含量，%；

n——土的孔隙率，%。

（3）土细粒含量可按下列方法确定：尾矿坝在选矿过程中会产生粒径不同的尾砂，在如何确定产生的尾砂中粗细粒界限，规范中给出以下判别方法。若在确定尾砂的级配曲线中发现曲线出现缺失段或平缓段且含量不大于3%时，判定其为不连续级配土，根据上文确定的尾砂分布曲线可知御驾泉尾矿库尾砂是不连续尾砂，区分粗粒径和细粒径的界限粒径 d_f 按下式计算：

$$d_f = \sqrt{d_{70}d_{10}} \quad\quad (2\text{-}22)$$

根据前文尾砂粒径系数计算可得

$$d_f = \sqrt{10.2 \times 64.6}\ \mu m = 25.6\ \mu m$$

式中 d_f——粗细粒的区分粒径；

d_{70}——小于该粒径含量占总土重70%的颗粒粒径，μm；

d_{10}——小于该粒径含量占总土重10%的颗粒粒径，μm。

（4）对于均匀系数不大于5的不连续级配土中可用以下方法判别。

1）流土型：

$$p_c > 35\% \quad\quad (2\text{-}23)$$

2）过渡流土型：

$$25\% \leqslant p_c \leqslant 35\% \quad\quad (2\text{-}24)$$

3）管涌型：

$$p_c < 25\% \quad\quad (2\text{-}25)$$

（5）土的不均匀系数按下式计算：

$$C_u = \frac{d_{60}}{d_{10}} \times 100\% \quad\quad (2\text{-}26)$$

式中 C_u——土的不均匀系数；

d_{60}——小于该粒径含量占总土重60%的颗粒粒径，μm；

d_{10}——小于该粒径含量占总土重10%的颗粒粒径，μm。

上文已计算出御驾泉尾矿库尾砂的不均匀系数为5.1>5，p_c 从尾砂累积曲线中可知为28.7%，由此可知坝体发生的渗流属于过渡流土型。

2.1.4.2 水力坡降

流土与管涌的临界水力坡降采用如下方法确定。

（1）流土型或过渡流土型：

$$J_{cr} = (G_s - 1)(1 - n) \quad\quad (2\text{-}27)$$

式中 J_{cr}——土的临界水力坡降；

G_s——土的颗粒密度与水的密度；

n——土的孔隙率，%。

（2）管涌型：

$$J_{cr} = 2.2(G_s - 1)(1 - n)^2 \frac{d_5}{d_{20}} \tag{2-28}$$

式中　d_5，d_{20}——小于该粒径含量占总土重5%、20%的颗粒粒径，μm。

临界水力坡降是指土的渗流最大水力坡降，若大于它，土就会发生流失。在工程上为保证土层的安全在临界水力坡降上定义一个渗流安全系数——土的临界水力坡降与在实际土层中渗流的水力坡降的比值。渗流的安全系数一般在1.5~2.0之间。

由前文可知该尾矿库的尾砂不均匀系数大于5且不连续，将尾砂粒径分析结果代入式（2-22）中得$d_f = 25.6$，根据尾砂粒径累积曲线可得$p_c = 28.7\%$，从而可知尾砂渗流属于流土型，再将根据比重试验测得各尾砂分层的比重G_c和矿山给出的孔隙比代入式（2-27）中，库区各土层的临界水力坡降与安全系数计算结果如表2-7所示，模拟最大水力坡降如图2-18~图2-20所示。

表 2-7　水力坡降结果

尾砂	孔隙比 n/%	临界水力坡降	模拟最大水力坡降	安全系数
尾粉细砂	38	1.21	0.8	1.51
尾粉土	41	1.14	0.6	1.9
尾粉质黏土	46	0.92	0.4	2.3
尾黏土	51	0.91	0.2	4.55

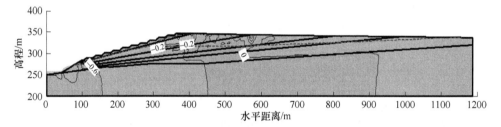

图 2-18　+349m 干滩 800m 渗流坡降

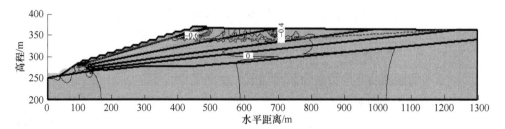

图 2-19　+370m 干滩 800m 渗流坡降

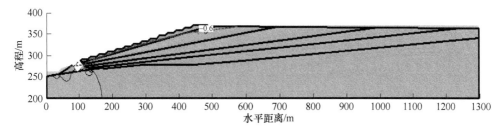

图 2-20 +370m 干滩 100m 渗流坡降

渗流稳定计算表明，干滩长度一样，坝体高度越大时，渗流坡降比更大，坝体处于同一高度时，运行干滩长度越短其水力坡降更大。标高+370m 洪水工况时坝体渗流速度最快，但仅在初期坝附近出现水力坡度偏大区域，由于初期坝设置了反滤层，不会发生流土现象，只能引发初期坝渗透能力的降低，因此需定时检查初期坝反滤层的通透性。

2.2 坝体静力稳定性分析

2.2.1 渗流-应力耦合分析

SIGMA/W 是 Geo-Studio 软件模块之一，其广泛应用在岩土应力变形分析中，可引用 Geo-Studio 软件中其他模块的分析结果，进行联合分析。本书模拟尾矿坝在静力条件下的受力情况，考虑到渗流场与应力场的相互影响，引用上文渗流分析的结果，将 SEEP/W 与 SIGMA/W 联合运用对尾矿坝进行渗流-应力场耦合。将在 SEEP/W 模块中建立的模型直接导入到 SIGMA/W 中，引用渗流分析设置的参数与结果，通过耦合分析得到尾矿坝的应力应变分布，分析坝体的受力情况。

2.2.1.1 计算方程

在耦合计算中，程序采用的是平面应变的体积模量模型（E-B 模型），程序运行的方法是尾矿坝扩容加高被分成很多个若干小步，即载荷在每步增量中是线性的，而整体载荷是非线性的模拟尾矿坝在逐次增量中坝体的非线性变化，本构关系方程如下：

$$\begin{bmatrix} \Delta\sigma_x \\ \Delta\sigma_y \\ \Delta\tau_{xy} \end{bmatrix} = \frac{3B}{9B-E} \begin{bmatrix} 3B+E & 3B-E & 0 \\ 3B-E & 3B+E & 0 \\ 0 & 0 & E \end{bmatrix} \begin{bmatrix} \Delta\varepsilon_x \\ \Delta\varepsilon_y \\ \Delta\gamma_{xy} \end{bmatrix} \tag{2-29}$$

式中　E——弹性模量；

　　　B——体积模量；

$\Delta\sigma_x$——x 方向应力增量；

$\Delta\varepsilon_x$——x 方向应变增量；

$\Delta\sigma_y$——y 方向应力增量；

$\Delta\varepsilon_y$——y 方向应变增量；

$\Delta\tau_{xy}$——剪应力增量；

$\Delta\gamma_{xy}$——剪应变增量。

在本次计算分析中采用非线性模型，切线弹性模量和切线体积模量的计算公式为：

切线弹性模量 E_t：

$$E_t = c \cdot p_a \left(\frac{\sigma_3}{p_a}\right)^n (1 - R_f \cdot SL)^2 \tag{2-30}$$

$$SL = \frac{\sigma_1 - \sigma_3}{(\sigma_1 - \sigma_3)_f} \tag{2-31}$$

$$(\sigma_1 - \sigma_3)_f = \frac{2\sigma_1\cos\varphi + 2\sigma_3\sin\varphi}{1 - \sin\varphi} \tag{2-32}$$

切线体积模量 B：

$$B = K_b \cdot p_a \left(\frac{\sigma_3}{p_a}\right)^m \tag{2-33}$$

卸荷时，采用卸荷弹性模量 E_w：

$$E_w = K_w \cdot p_a \left(\frac{\sigma_3}{p_a}\right)^n \tag{2-34}$$

式中　σ_1，σ_3——最大和最小主应力；

　　　　p_a——大气压力；

　　　　c——抗剪强度；

　　　　φ——摩擦角度；

　　　　R_f——破坏比；

　　　　n——弹性模量指数；

　　　　K_b——体积模量数；

　　　　m——体积模量指数；

　　　　K_w——卸荷弹性模量数；

　　　　SL——水平应力的强度；

$(\sigma_1 - \sigma_3)_f$——破坏偏应力。

2.2.1.2　计算参数选取与工况

在尾矿坝渗流-应力耦合计算分析中，完全引用在 SEEP/W 模块中的水力参数，如水土特征曲线，渗透性函数等。SIGMA/W 模块中需要用到的土力学参数根据

《御驾泉尾矿库岩土工程勘察报告》所述数据输入，有关参数如表2-8所示。

表2-8 尾矿坝主要选取参数

地层	尾粉细砂	尾粉土	尾粉质黏土	尾黏土
天然容重 $\gamma/kN \cdot m^{-3}$	20.2	20.5	20	19.6
浮容重	10.8	11	10.6	10.2
弹性模量/MPa	6.64	8.64	4.29	4.04
泊松比	0.41	0.37	0.33	0.31

本书的重点是模拟尾矿库在逐步扩容加高直至设计终点标高+370m时，尾矿库设计是否合理，能否加高到终高，加高后尾矿库是否能正常运行，需要采取什么措施提高其安全稳定性。因此选取工况在设计正常运行情况下（干滩800m）和在洪水运行情况下（干滩100m）尾矿库应力应变及稳定性情况，模拟其应力分布情况，是否会产生应力突变情况，尾矿坝的变形情况和运行安全系数。

2.2.2 应力应变分析

2.2.2.1 应力分析结果

（1）总应力分布。从图2-21总应力分布可知，坝体总应力分布自上向下逐步升高，应力分布曲线呈较规则的弧线，其原因是坝体应力主要由自身重力引起。两工况下应力分布相似，最大应力都在坝体中心附近。

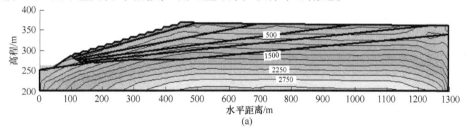

(a)

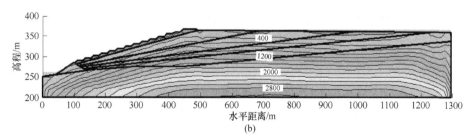

(b)

图2-21 坝体总应力分布图
（a）正常工况运行；（b）洪水工况运行

（2）有效应力。图2-22是坝体的有效应力分布，两种工况下应力分布总体相似，局部有差异。其中，洪水工况中的最大有效应力范围与正常工况下最大有效应力相比所占区域较小，但应力更大。

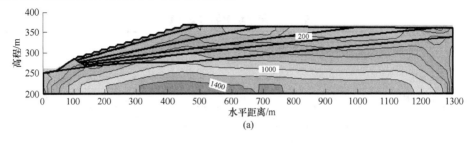

(a)

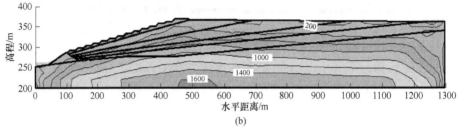

(b)

图 2-22　坝体有效应力分布图
（a）正常工况运行；（b）洪水工况运行

（3）孔隙水压力。图 2-23 是尾矿坝的孔隙水压力分布，两工况下坝体的孔隙水压力都呈层分布，应力曲线都是在坝头从平滑曲线向平直线接近，分布的主要原因是水在坝体各区域是不均匀的，其中不饱和区域，孔隙水压受到材料的基质吸力影响较大。

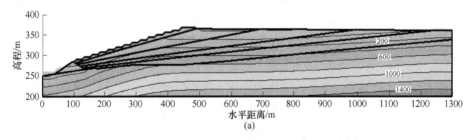

(a)

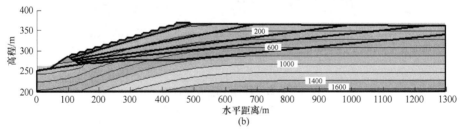

(b)

图 2-23　孔隙水压力分布
（a）正常工况运行；（b）洪水工况运行

尾矿坝在静态条件下，坝体在土自重和水压力作用下最大总应力、有效应力和孔隙水压力均沿深度均匀变化，两边大致呈对称分布。正常工况下最大总应力是3157kPa，最大孔隙水压力是1564kPa，最大有效应力为1580kPa；洪水工况下最大总应力是3221kPa，最大孔隙水压力是1613kPa，最大有效应力为1609kPa，有效应力在液面与沉积干滩交界处的底面最大，坝体整体上应力分布合理，没有产生突变，应力水平在安全范围内。从总应力大约等于孔隙水压力与有效应力之和可知，模拟合理。

由图2-21~图2-23可知，在两种工况下尾矿坝受力情况相似，但在水位增加的情况下尾矿坝最大总应力、最大孔隙水压和最大有效应力均有所增加，但增加的幅度不大，在正常范围内，相关数据如表2-9所示，说明尾矿坝在洪水运行下没有发生突变情况，整体处于较稳定状态。有效应力增长幅度不大，这是因为坝体水位的增加，孔隙水压力增长幅度较大导致有限应力增长较小。

表2-9 最大应力计算结果

水位条件	最大总应力/kPa	最大孔隙水压力/kPa	最大有效应力/kPa
正常工况	3157	1564	1580
洪水工况	3221	1613	1609

2.2.2.2 应变结果分析

（1）x 方向。图2-24是尾矿坝在标高+370m时的 x 方向的变形情况，最大变形处在堆积坝的下方，变形区域主要发生在尾粉细砂层中，变形呈椭圆状非对称分布。

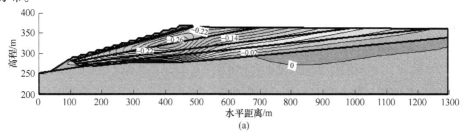

(a)

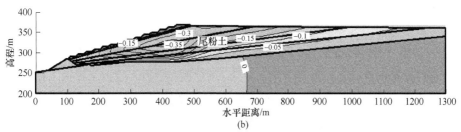

(b)

图2-24 x 轴方向水平位移

（a）正常工况运行；（b）洪水工况运行

（2）y方向。图2-25所示是尾矿坝在y轴方向的形变，应变从上向下由大到小，最大应变在堆积坝最高处，应变曲线呈弧状。

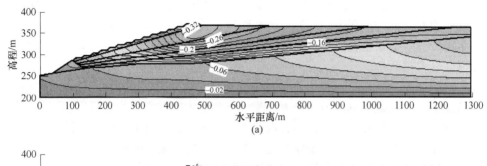

(a)

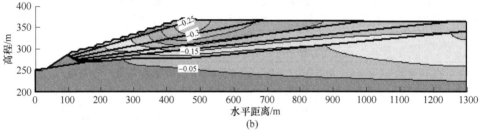

(b)

图2-25　y轴方向垂直位移

（a）正常工况运行；（b）洪水工况运行

（3）总位移。图2-26是尾矿坝在二维变形中的总位移，其变形分布曲线与y轴变形方向类似，表明坝体发生形变主要是由自身重力引起。在Geo-Studio中x、y轴方向的形变量的正负与设置的坐标轴一致，沿x轴反方向的形变量为负值，反之为正值，y方向同理。从图2-24可知水平位移呈闭合圈状分布，最大水平应变在尾粉细砂与尾粉土交界线中心位置附近，正常工况和洪水工况下最大应变分别是26.7cm和35.5cm。在图2-26中可知最大竖向位移沿深度均匀变化，深度越深位移量越小，坝体变形主要发生在坝坡附近，这是由于坝坡处于临空面，易发生应力集中从而引起坝坡的不稳定，最大竖向位移在堆积坝与沉积干滩交界处分别是32.9cm和37.3cm。图2-26所示总位移分布与竖向位移分布类似，说明坝体形变主要是竖向变形。

坝体竖向变形较大，是因为堆积坝主要由碎石组成，空隙较多，黏聚力较小，后期沉降较大。从图2-24~图2-26可知坝体在两种工况下形变类似，未发生形变突变情况，说明坝体在洪水状况下运行较稳定，两者最大形变量如表2-10所示。

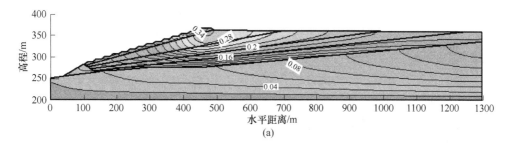

(a)

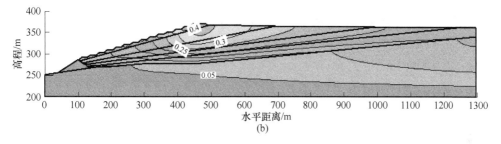

(b)

图 2-26 x-y 轴方向总位移

（a）正常工况运行；（b）洪水工况运行

表 2-10 各方向最大位移汇总 （cm）

水位条件	水平位移	垂直位移	总位移
正常工况运行	26.7	32.9	35.8
洪水工况运行	35.5	37.3	42.7

2.2.3 稳定性分析

坝体稳定性分析主要是利用极限平衡法计算坝体在不同工况下的安全系数，目前稳定性定量评价方法主要是基于极限平衡理论的条分法。按照《尾矿库安全技术规程》（AQ 2006—2005）的规定，尾矿坝稳定计算时需考虑干滩长度和洪水的影响。本书取正常运行和洪水危险工况（即干滩长度等于 800m 与 100m）进行计算，同时考虑在遇到地震情况下的特殊工况。

2.2.3.1 基本原理

分析尾矿坝稳定性一般是用刚体极限平衡理论作为研究的基础，本书稳定性计算采用 Geo-studio 软件中的 SLOPE/W 模块，并采用规范推荐的极限平衡条分法、Ordinary 法、Bishop 法和 Janbu 法多角度对搜索的最危滑面进行稳定性计算。同时为避免方法的单一可能造成模拟结果的不准确性，在采用极限平衡法外，结合有限元法验证模拟的准确性。

SLOPE/W 模块中关于边坡稳定性的计算方法有很多，包括 Ordinary 法、

Janbu 法、Morgenstern-price 法和 Bishop 法等，它们都是采用极限平衡法为原理，对不同地质条件和多种工况的边坡计算分析其稳定性。条分法是极限平衡法的理论基础，前面所述的各种方法相似，不同之处在于对条间和条间力的关系假设不同，因而各种方法满足的平衡方程有所差异。因此本文只叙述极限平衡法的计算原理，其他方法可以类似得到。

边坡安全系数在某滑面的定义为：边坡的实际抗剪强度从大到小逐步降低，当土体在某一处达到极限平衡时，用土体的实际抗剪强度除以此时的抗剪强度即为安全系数。对有效应力分析，剪切强度定义为：

$$s = c' + (\sigma_n - u)\tan\varphi' \tag{2-35}$$

式中　s——剪切强度；

　　　c'——有效黏聚力；

　　　φ'——有效内摩擦角；

　　　σ_n——总的正应力；

　　　u——孔隙水压力。

极限平衡公式假设：

（1）在滑面划分的所有土层中，表示强度的参数——黏聚力和内摩擦角是统一折减的。

（2）所有条块的安全系数相同。

极限平衡法示意图如图 2-27 所示，极限平衡下滑力定义如下：

$$S_m = \frac{s\beta}{F} = \frac{\beta[c' + (\sigma_n - u)]}{F} \tag{2-36}$$

$$\sigma_m = \frac{N}{\beta} \tag{2-37}$$

式中　σ_m——每一条块的平均正应力；

　　　F——安全系数；

　　　β——每一条块的低面长度。

条块力矩总和能为：

$$\sum W_X - \sum S_m R - \sum kW_e + \sum Dd \pm \sum Aa = 0 \tag{2-38}$$

替换后力矩平衡安全系数方程为：

$$F_m = \frac{\sum[c'\beta R + (N - \mu\beta)R\tan\varphi']}{\sum W_X - \sum Nf + \sum kW_e \pm \sum Dd \pm \sum Aa} \tag{2-39}$$

水平方向平衡方程为：

$$\sum(E_L - E_R) - \sum N\sin\alpha + \sum(S_m\cos\alpha) - \sum(kW) + \sum D\cos\omega \pm \sum A = 0 \tag{2-40}$$

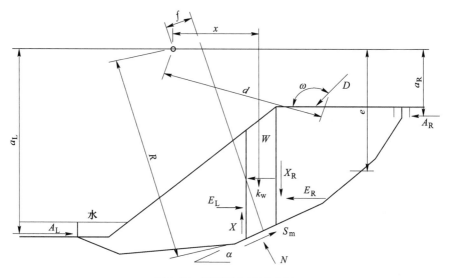

图 2-27 极限平衡法示意图

S_m—块底部的滑剪力；E_L，E_R—条块间的水平法向力，L 和 R 指条块的左和右；

X—条块间的竖向剪力；D—外加线荷载；k_w—水平地震荷载；R—圆弧滑面的半径；

f—法向力矩旋转中心；x—条块中心线到力矩中心的水平距离；e—条块质心到力矩中心的垂直距离；

d—点荷载到力矩中心的垂直距离；a_L—外部水压线到力矩中心的垂直距离；A_L—外部水平线；

α—点荷载水平面的夹角；ω—条块的底面夹角

表达式代表条间法向力，计算整个土体时为 0，方程可简化为：

$$F_f = \frac{\sum \left[c'\beta\cos\alpha + (N - \mu\beta)\cos\alpha\tan\varphi' \right]}{\sum N\sin\alpha + \sum kW - \sum D\cos\omega \pm \sum A} \tag{2-41}$$

替换 S_m 并重新整理表达式后的每一条块底面法向力的方程为：

$$N = \frac{W + (X_R + X_L) - \dfrac{(c'\beta\sin\alpha + \mu\beta\sin\alpha\tan\varphi') + D\sin\omega}{F}}{\cos\alpha + \dfrac{\sin\alpha\tan\varphi'}{F}} \tag{2-42}$$

条块底面法向力方程是非线性的，随着安全系数 F 而改变。当求解力矩平衡时，安全系数等于力矩平衡安全系数，当求解力平衡时，安全系数等于力平衡安全系数，法向力用迭代法计算得到。

有限元法是在 20 世纪 70 年代兴起，主要方法有滑面应力分析法和强度折减法两种。本书采用的是强度折减法。主要原理如下：强度折减系数定义为边坡在外部载荷保持一定的情况下，外部载荷在边坡内部产生的剪切应力与土体实际情况下最大抗剪应力之比。它与用极限平衡法所求的坡体安全系数本质上是一致的，表达式如下：

$$F_s = \frac{c}{c_f} = \frac{\tan\alpha}{\tan\alpha_f} \tag{2-43}$$

$$c_t = \frac{c}{F_t} \tag{2-44}$$

$$\alpha_t = \arctan\frac{\tan\alpha}{F_t} \tag{2-45}$$

式中　F_s——安全系数；

　　　F_t——折减系数；

　c,α——土体实际抗剪强度参数；

　c_f,α_f——土体达到极限平衡状态下的抗剪强度参数；

　c_t,α_t——土体折减后的抗剪强度参数。

有限元的土工结构是弹塑的，为保证模型的本构结构，折减系数初始取值要足够小。随后逐步增加 F_s 值，折减抗剪强度不断减小，直到坝坡达到临界失稳状态，该处就是坝体在失稳前的折减系数值。

2.2.3.2　计算工况与参数的选取

在尾矿坝稳定性计算中，强度参数参考矿方提供的《御驾泉尾矿坝岩土工程勘察报告》，如表 2-11 所示，工况选择如表 2-12 所示。

表 2-11　稳定性分析参数表

地层及编号	天然重度 γ/kN·m^{-3}	浮重度 γ_f/kN·m^{-3}	黏聚力 c/kPa	内摩擦角 φ/(°)
初期坝	22	12.5	0	36
堆积坝	20.58	12	0	32
尾粉细砂	20.2	10.8	7	30
尾粉土	20.5	11	25	22.9
尾粉质黏土	20	10.6	87	18.7
尾黏土	19.6	10.2	107	17.3
基岩	24	15	30	38

表 2-12　稳定性计算工况

序号	坝体高度/m	运行条件	干滩长度/m	水位条件/m
1		正常运行	800	365
2		正常运行+7级地震	800	365
3	370	正常运行+8级地震	800	365
4		洪水运行	100	368.5
5		洪水运行+7级地震	100	368.5
6		洪水运行+8级地震	100	368.5

2.2.3.3 分析结果

边坡稳定性分析采用极限平衡理论进行安全系数计算，为能更加准确地计算出滑动面的形状及分布，最危险滑移面采用自动定位的搜索方式，材料力学模型为摩尔-库仑模型，赋予材料基本参数后，分别采用极限平衡法中的 Bishop 法、Ordinary 法、Janbu 法三种计算方法经过 SLOP/W 模块的计算，得出工况条件下的安全系数如表 2-13 所示，不同工况条件下最危险滑动面如图 2-28~图 2-33 所示。

表 2-13　计算工况及计算结果表 （m）

工况类型		干滩 800m			干滩 100m		
		正常运行	7 度地震	8 度地震	洪水运行	7 度地震	8 度地震
水位标高		365	365	365	368.5	368.5	368.5
安全系数法	Bishop 法	1.625	1.169	0.827	1.568	1.127	0.796
	Ordinary 法	1.849	1.263	0.948	1.795	1.202	0.921
	Janbu 法	1.819	1.245	0.902	1.708	1.187	0.911
	有限元法	1.704	1.163	0.873	1.642	1.120	0.842

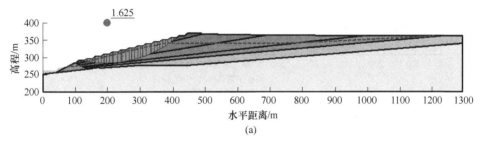

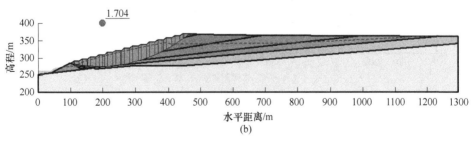

图 2-28　正常运行

（a）Bishop 法；（b）有限元法

图 2-28~图 2-30 为用 Bishop 法和有限元法对尾矿坝在滩长度 800m，分别在

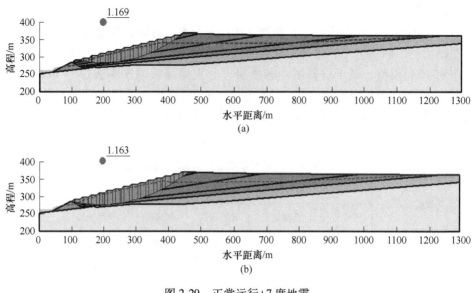

图 2-29　正常运行+7 度地震
（a）Bishop 法；（b）有限元法

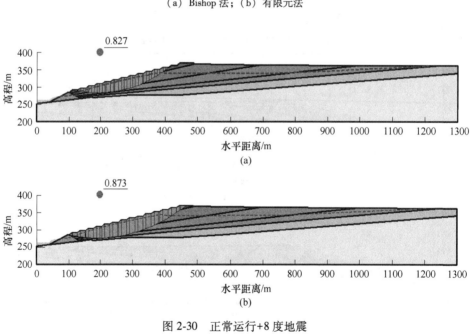

图 2-30　正常运行+8 度地震
（a）Bishop 法；（b）有限元法

正常运行、7 度地震和 8 度地震三种工况下临界滑面位置，大坝相应安全系数如表 2-13 所示。

图 2-31~图 2-33 为用 Bishop 法和有限元法对尾矿坝干滩长度 100m，分别在

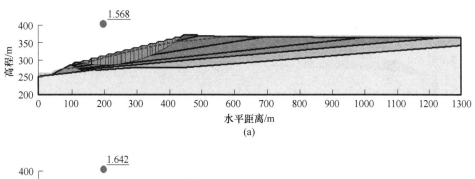

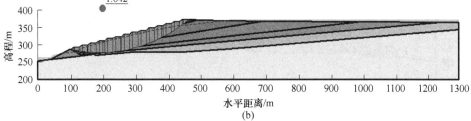

图 2-31 洪水运行

（a）Bishop 法；（b）有限元法

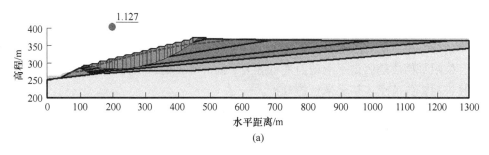

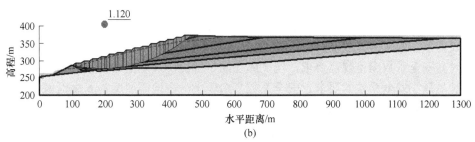

图 2-32 洪水运行+7 度地震

（a）Bishop 法；（b）有限元法

正常运行、7 度地震和 8 度地震三种工况下临界滑面位置，坝体相应安全系数如表 2-13 所示。

从图中可知，使用 Bishop 法与有限元法模拟尾矿坝得到的滑坡面整体趋势一

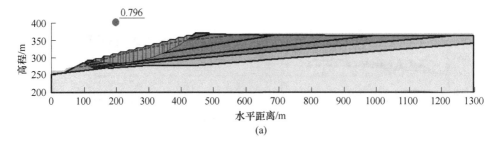

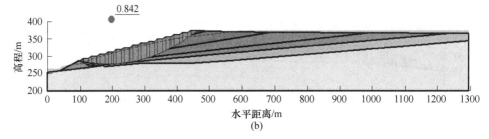

图 2-33　洪水运行+8 度地震

（a）Bishop 法；（b）有限元法

致，细微有所不同。Bishop 法与有限元相比得出的滑坡面较小，弧度更缓，条块大小划分略小，计算所得安全系数更小，更为保守。这与两者计算的原理不同有关，极限平衡法是假设一滑动面进行静力平衡计算，而有限元法是通过单元节点计算进而将各节点连接起来整体分析。

表 2-13 为尾矿坝扩容加高至标高+370m 时坝高断面分别在正常运行和洪水运行两种水位条件下的安全系数。由计算结果知，随着干滩长度减短，坝体上游水位上升，坝体内浸润线上升，坝坡滑面安全系数变小，但各工况下临界滑移面位置基本一致。根据《尾矿库安全技术规程》（AQ 2006—2005）规定尾矿坝最小安全系数要求，如表 2-14 所示。御驾泉尾矿库在正常工况运行与洪水工况运行时其安全系数满足规范要求，尾矿库在满足抗震设计规范的要求下，其安全系数满足最小安全系数的要求，安全系数富余较小。在地震烈度为 8 度时其安全系数不满足要求，矿山方面应开展必要强震防范加固措施以保障尾矿库运行安全。

表 2-14　尾矿坝安全系数规范要求

运用情况	尾矿坝级别			
	1	2	3	4、5
正常运行	1.3	1.25	1.20	1.15
洪水运行	1.20	1.15	1.10	1.05
特殊状态	1.10	1.10	1.05	1.00

2.3　尾矿坝动力响应分析

2.3.1　尾矿坝动力反应分析及液化判别方法概述

土体在受到动载荷作用下，土中各点的位移、速度、加速度以及应力应变都会发生变化，对它们的求解就称为土体的动力反应分析。尾矿坝动力反应分析不仅要考虑坝体受到荷载的形式与大小，还必须考虑筑坝的工艺、材料的力学性质、边界条件等，以便选用合理的动力分析方法。与静力载荷相比，土体在进行动力反应分析时，两者之间有很大的差异，这是因为坝体在动力荷载下，其各个部分会产生明显的加速度，由此造成坝体在各个部位具有一定的速度和惯性，引起坝体的变形和受力变化。图 2-34 为几种典型的动荷载随时间变化规律的示意图。

土体在承受动力载荷后可能会引发多种地质灾害，液化现象是其主要灾害形式之一，因此对采用上游堆筑坝法的尾矿坝判别尾矿土是否发生液化，对正确评价尾矿坝的动力安全稳定性具有重要意义。目前常用的液化判别方法主要有剪切梁法、动剪应力对比法和振动稳定密度法等。若考虑孔隙水对土体动力性质的影响，土体动力反应分析方法还可以分为总应力法和有效应力法。

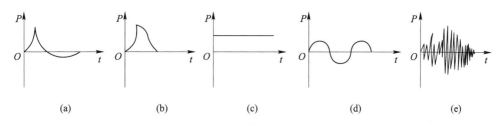

图 2-34　典型动力荷载图
（a）冲击荷载；（b）撞击荷载；（c）突加荷载；（d）周期荷载；（e）地震荷载

2.3.2　尾矿坝动力稳定性分析原理

2.3.2.1　动力本构模型介绍

尾矿坝动力分析计算是在静力分析的基础上进行的，主要分析坝体在地震作用下的应力和变形情况、运动位移规律和是否发生液化现象，分析坝体在遭受地震作用的稳定情况。本书尾矿坝动力响应分析采用的是 Geo-studio 软件中的 QUAKE/W 模块，其可以对多种形式动力载荷下的土工结构问题进行分析计算，如地震波产生的动力载荷、爆炸产生的冲击载荷和突然施加恒力的持续载荷。它还可以与该软件包中的 SEEP/W 和 SLOPE/W 相耦合，从而可以计算不同降雨工况下的地震响应及不同地震作用时间下大坝的安全系数。

在坝体动力分析中，QUAKE/W 程序运用的是平面应变小位移和小应变理论，其对坝体因震动产生的缺陷灵敏性和精度都较高，可以很好地检测坝体的整体性能，其系统动力响应的控制方程为：

$$[M]\{\ddot{u}\} + [C]\{\dot{u}\} + [K]\{u\} = \{F\} \tag{2-46}$$

式中　$[M]$——体系的质量；

　　　$[C]$——体系的阻尼；

　　　$[K]$——体系刚度阵；

　　　$\{\ddot{u}\}$——体系的结点位移；

　　　$\{\dot{u}\}$——体系的结点速度；

　　　$\{u\}$——体系的结点加速度向量；

　　　$\{F\}$——结点动力荷载向量。

单元阻尼采用 Rayleigh 假定：

$$[c]^{\varepsilon} = \xi\omega_1[m]^{\varepsilon} + \frac{\xi}{\omega_1}[k]^{\varepsilon} \tag{2-47}$$

式中　$[c]^{\varepsilon}$——单元阻尼阵；

　　　$[m]^{\varepsilon}$——单元质量阵；

　　　$[k]^{\varepsilon}$——单元刚度阵；

　　　ξ——单元阻尼比；

　　　ω_1——坝体基频。

用有限元法对坝体和地基进行动力分析时，采用 Wilson-θ 法对系统动力控制方程求解，材料的非线性按 Seed-Idriss 提出的等效线性化法处理。

2.3.2.2　液化判别标准

液化是判断尾矿坝在地震后的稳定性的一个重要指标，目前判别液化的方法有很多，其中动剪应力比法是目前国际上广泛认定的评定方法。该方法通过液化振动次数与动剪应力比曲线确定是否发生液化，从而在模拟图中确定是否有液化的区域。其计算公式为：

$$CRS = \frac{\sigma_d}{2\sigma_{v(static)}} \tag{2-48}$$

式中　σ_d——动剪切应力；

　　　$\sigma_{v(static)}$——静态下竖直剪切应力。

也可通过动剪应力比与液化振次曲线关系确定应力比，如图 2-35 所示。根据尾矿坝所处的地域确定所处的地震等级，地震等级可通过查询规范等换为液化振动次数 n，从而根据两者的曲线关系确定动剪应力比。通过施加地震波模拟得到尾矿坝动剪应力比，若其大于规范要求即可认为发生液化现象。

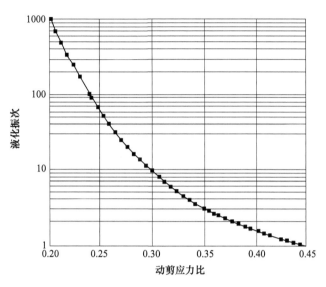

图 2-35 动剪应力比-液化振次关系曲线

2.3.3 动力模型建立

2.3.3.1 边界条件与观测点设立

尾矿坝做动力分析的模型是在渗流分析的基础上建立的。动力响应一般是在输入地震波下分析坝体前后的初始静态和动力响应的比较。初始静态分析包括地震前坝体的应力状态——剪应力和孔隙水压力等。动力响应分析包含坝体在经受地震后的应力变化、位移情况和液化区域判定。

根据诸多工程经验和理论分析发现尾矿坝在经受地震载荷后主要受水平地震波影响，因此一般不考虑垂直地震运动的影响，所以在进行尾矿坝动力模拟时，输入水平方向的地震波。在进行动力模拟时在尾矿坝左右两侧进行竖直方向位移的约束，在尾矿坝底部约束 x、y 方向的位移，如图 2-36 所示。在模型中设置 5个历程点，监测坝体动力响应过程，其中尾矿坝表面从坡脚到坡顶设置 4 个历程点，尾矿坝内设置 1 个历程点。

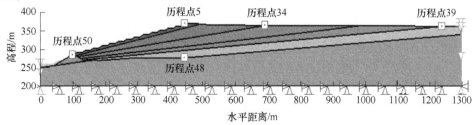

图 2-36 动力计算模型

2.3.3.2 地震波的输入

模拟尾矿坝经受地震情况，可通过模拟地震波输入地震加速度时程曲线或者地震速度曲线，本书在程序中输入地震加速度时程曲线。坝址区域的地震加速度时程曲线一般都是在《地震危险性分析报告》给出，根据其给出的地震时程曲线和地震动力参数，在软件中进行建模分析，给出坝体在受到动力载荷后的稳定性情况。

御驾泉尾矿库处在 7 烈度地震区域，根据规范 7 烈度地震加速度取值为 0.1g，8 烈度地震加速度为 0.2g。在本工程的计算过程中选用的是规范波，并对生成人工地震波过后接着使用 Geo-Studio 软件对地震波进行了基线校正，如图 2-37 所示，为 7 烈度地震波，时程设定为 10s。

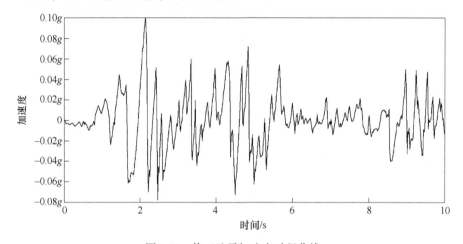

图 2-37 修正地震加速度时程曲线

2.3.4 初始应力与震后应力分析

本书给出了尾矿坝扩容加高到+370m 时在满足规范要求下，7 烈度地震下的初始应力与震后应力变化图。

因施加的是水平地震波，主要考虑到对尾矿坝水平方向的应力影响。其中震后 x 向总应力指尾矿坝在历经地震波输入结束，变化最剧烈时刻的受力图。

图 2-38 和图 2-39 为施加地震荷载前后 x 向总应力变化图，由图可知震前 x 向总应力大致呈对称层状分布，应力随着标高的减小而增大，震后 x 向总应力分布发生较大变化呈一定的对称分布，应力增大。其中正常工况下震后应力增大 15.8kPa，洪水工况下应力增大 21.4kPa，两者增加量接近。同时也可知两种工况在施加地震荷载前后，应力分布相似无突变情况，侧面印证了尾矿坝的稳定性。

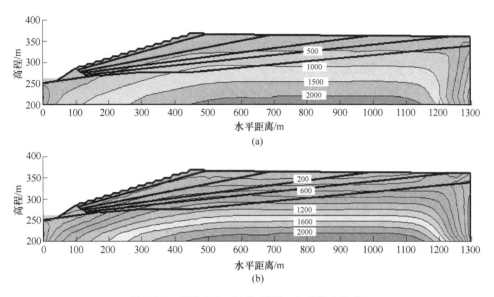

图 2-38 干滩 800m 初始-震后 x 向总应力变化

（a）干滩 800m 初始 x 向总应力；（b）干滩 800m 震后 x 向总应力

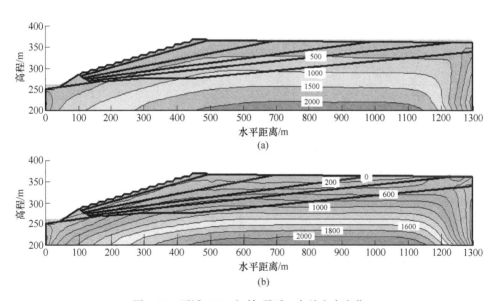

图 2-39 干滩 100m 初始-震后 x 向总应力变化

（a）干滩 100m 初始 x 向总应力；（b）干滩 100m 震后 x 向总应力

图 2-40 和图 2-41 为施加地震荷载前后 x 向有效应力变化图，有效应力分布在施加地震荷载后应力分布大致相似部分区域发生局部变化，最大 x 向有效应力增大，但增幅不大，两种工况下增加量分别为 25.49kPa 和 34.64kPa，如表 2-15

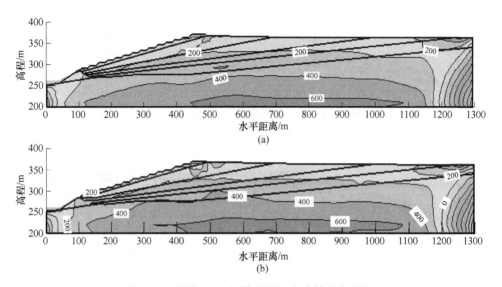

图 2-40　干滩 800m 初始-震后 x 向有效应力变化

（a）干滩 800m 初始 x 向有效应力等值线图；（b）干滩 800m 震后 x 向有效应力等值线图

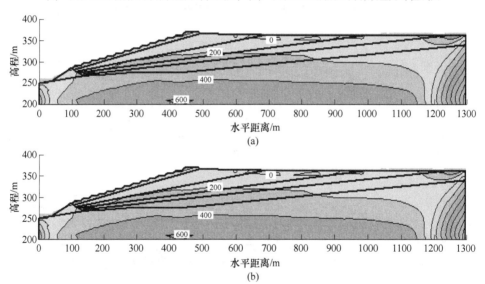

图 2-41　干滩 100m 初始-震后 x 向有效应力变化

（a）干滩 100m 初始 x 向有效应力等值线图；（b）干滩 100m 震后 x 向有效应力等值线图

所示。坝体在洪水工况下有效应力比正常工况下有效应力小是因为其孔隙水压力增长较大。

图 2-42 为震后超孔隙水压力等值线图，超孔隙水压力在坝体静止状态时是不存在的。超孔隙水压力是指饱和土体在遭受外力载荷作用下，土中原有的水压

表 2-15　震后最大应力计算结果　　　　　　　　　　　　（kPa）

水位条件	x 向总应力	x 向有效应力	超孔隙水压力
震前干滩长度 800m	2047.8	671.13	—
震后干滩长度 800m	2063.6	696.62	10.9
震前干滩长度 100m	2059.3	613.83	—
震后干滩长度 100m	2080.7	648.47	11.3

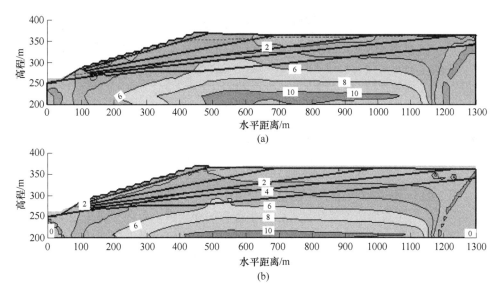

图 2-42　超孔隙水压力等值线图

（a）干滩 800m；（b）干滩 100m

力上升的部分。图 2-42 则是由于震动引起的超孔隙水压力，由图可知尾矿坝在两种工况下震后产生的超孔隙水压力分别为 10.9kPa 和 11.3kPa。其中超孔隙水压力会随着时间的推移慢慢消失，因此在震后结束时刻其值为最大，对于尾矿坝危害程度最大。

2.3.5　动态响应分析

2.3.5.1　变形分析

尾矿坝在短暂的地震作用下可能不会发生破坏，但一定会发生形变造成坝体的永久变形，图 2-43 为坝体震后永久变形等值线图，正常工况下坝体的形变量范围为 -1.4~3.8cm，洪水工况下坝体形变量范围为 -1.6~4.0cm，尾矿坝震后有隆起与沉降，其中负值代表沉降，正值表示隆起。最大沉降处在尾砂与坝基的交界处和位于坝坡与干滩临界面下，且坝体在最高堆积坝处沉降较大。

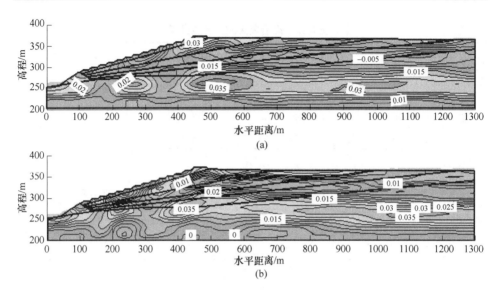

图 2-43　震后永久变形
（a）正常工况；（b）洪水工况

　　图 2-44 和图 2-45 分别表示的是正常工况和洪水工况下尾矿坝堆积坝坡面与沉积尾砂表面在施加地震载荷过程中发生位移的变化图，两种工况下图形走势大致相同，波峰与波谷位置有所偏差，洪水工况下坝体坡面最大位移较正常工况下大，沉积尾砂表面位移则相反，这是由于在水位不同、其他情况相同的条件下，洪水工况下坝体所受总应力更大对坝体产生更大的形变，但水量的增加造成沉积尾砂的孔隙水压力增长更大并产生较大的超孔隙水压力造成尾砂的位移更小。

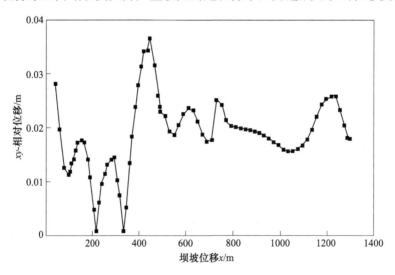

图 2-44　正常工况下尾矿坝坝坡表面位移

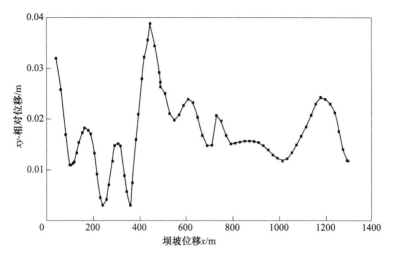

图 2-45 洪水工况下尾矿坝坝坡表面位移

2.3.5.2 历程点分析

图 2-46 为设立的 5 个历程点水平加速度的变化,从图中可看出两工况下各历程点波动情况与施加的地震波呈相反趋势,加速度有不同的放大效果。从总体上看各历程点波动情况从小到大再逐步收敛减小,结束时刻全部点仍有残余加速度。正常工况和洪水工况中各历程点波峰到达先后是历程点 39、48、50、34、5,与施加地震波的距离成正比。比较各点的波动情况,可知不同水位条件下其对沉积干滩处尾砂的加速度波动影响较小,而对坝体内部点有加强作用,对初期坝有削弱作用。其中历程点 39 的波动情况最大,其最大加速度绝对值大于 $0.2g$,放大了 1 倍多,从地形上看点 39 位于接近沉积干滩最远处,该处接近震源。

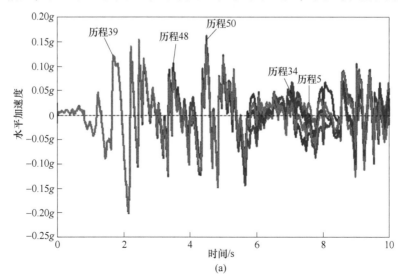

(a)

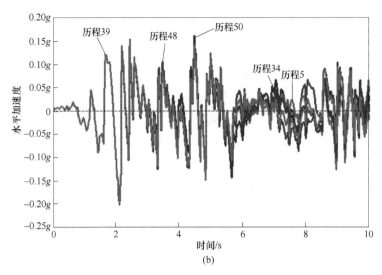

(b)

图 2-46　各历程点水平加速度变化

（a）正常工况；（b）洪水工况

　　图 2-47 表示的是各历程点水平速度变化，从中可以看出两种工况下在地震波结束后坝体仍有残余速度，根据工程经验，地震波停止输入后速度会快速归零，各点起伏在两种工况下大致一致，速度随着时间的推移有先增大后减小的趋势。速度的波动不仅受加速度的影响，还受地形条件的影响，应在坝体两端和坝底限制其移动。在洪水工况下，各点的速度最大值比正常工况下各点速度的峰值大，速度变化有延后现象。在正常工况中历程点 5 的速度值，最大超过 0.1m/s，残留速度值也是最大的，其处于堆积坝最高点，其次速度最大点是历程点 50，在洪水工况中历程点 50 的速度值最大，超过 0.15m/s，其次是历程点 5，这两点都是距限制移动地形最远的两点。

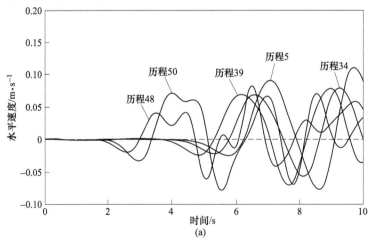

(a)

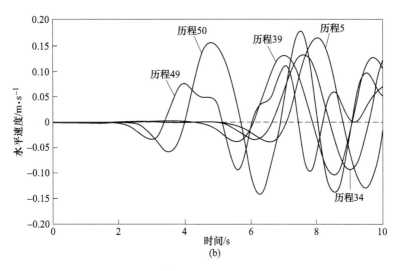

图 2-47 各历程点水平速度变化
(a) 正常工况; (b) 洪水工况

图 2-48 表示各历程点水平位移变化,从图中可以看出位移与速度之间的关系,速度起伏大,其位移变化也越大,位移峰值有逐步增大的趋势。正常工况下各点都是在震后结束时刻位移最大,图中历程点 48 的残余位移最大超过 8cm,洪水工况下残余最大位移超过 10cm,波动更大,地震结束后都有残余位移,后面随着时间的推移,变形若在土层弹性范围内会进行恢复,弹塑区范围内部分形变恢复,塑性区或液化区全部成永久变形,根据上节坝体永久变形分析可以得出各点的变形,如表 2-16 所示,可知各历程点变形在弹塑区。

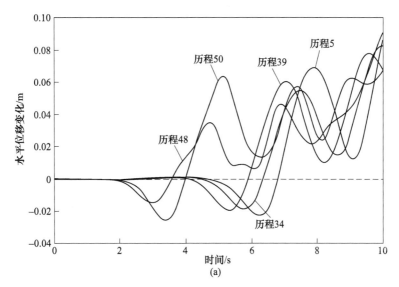

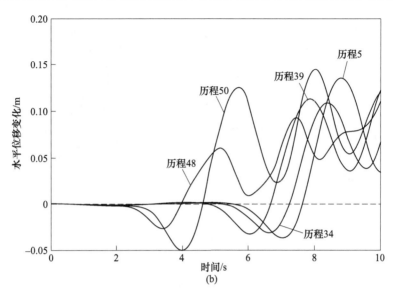

图 2-48　各历程点水平位移变化
（a）正常工况；（b）洪水工况

表 2-16　历程点变形结果　　　　　　（cm）

历程点	50	5	48	34	39
正常工况	0.97	2.78	2.34	1.95	1.02
洪水工况	1.04	3.55	3.10	2.73	1.22

　　图 2-49 为 5 个历程点的超孔隙水压力变化曲线，地震过程中，尾矿库不同位置的超孔隙水压力均有升高，其中正常工况下历程点 2 和 4 的超孔隙水压力升高值相同。两种工况下超孔隙水压力升高值与地震时间呈线性关系，表 2-17 为超孔隙水压最大升高值汇集。

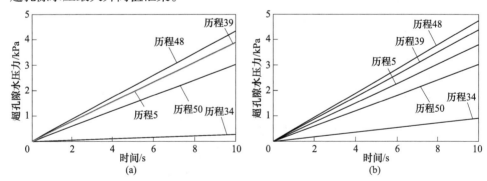

图 2-49　各历程点超孔隙水压力变化曲线
（a）正常工况；（b）洪水工况

表 2-17 震后各历程点超孔隙水压升高值 （kPa）

历程点	50	5	34	39	48
正常运行	3.04	3.9	0.28	3.9	5.8
洪水运行	3.04	3.8	0.93	4.4	6.1

2.3.5.3 液化分析

在地震的作用下，尾矿库可能会发生局部液化，液化会导致尾矿库稳定性不足，发生重大事故。根据上述该山谷型尾矿库基本情况和现状评估报告等相关资料，当尾矿坝堆积标高为370m时，库内沉积滩坡度为0.6%，正常运行期取干滩长800m，洪水运行干滩长度为100m，通过QUAKE/W模块建立的尾矿库模型进行山谷型尾矿坝动力液化研究。

根据中国地震局发布的全国地区地震烈度分布已知御驾泉尾矿库地区所在地是属于7度地震带，根据规范见表2-18和表2-19，7度地震对应的震级为5.5级，对应的等效振次为5次，剪应力比的值为0.32，振动持续时间为8s以上。在上章安全系数计算中发现尾矿坝在8度地震中呈不稳定运行，因此也对8度地震时尾矿坝的液化情况进行模拟，相关参数选取同上。可知当模拟计算得到尾矿坝动剪应力分布云图，与标准动剪应力比较，当小于或等于0.32时，不发生液化；当大于0.32时，发生液化。

表 2-18 地震峰值加速度、烈度与震级对照表

峰值加速度	<0.05g	0.05g	0.1g	0.15g	0.2g	0.3g	≥0.4g
地震烈度	<Ⅵ	Ⅵ	Ⅶ	Ⅶ	Ⅷ	Ⅷ	≥Ⅳ
震级	<4.9	4.9	5.5	5.5	6.1	6.1	≥6.1

表 2-19 等效振次与震级关系

震级	等效振次 N/次	振动持续时间/s
5.5~6	5	8
6.5	8	14
7.0	12	20
7.5	20	40
8.0	30	60

由图2-50可知尾矿坝在经受7度地震时，正常工况下坝体只在右上角发生局部液化，不影响其安全运行，在洪水工况下坝体局部液化区域加多，但不相连，尾矿库运行可以得到保障。由图2-51可知尾矿坝在经受8度地震时，正常工况下坝体局部液化区域较多，有相连通的趋势，尾矿库运行不安全，在洪水工

况时尾矿库发生大区域的液化，有形成滑坡的可能，尾矿库极度不安全。

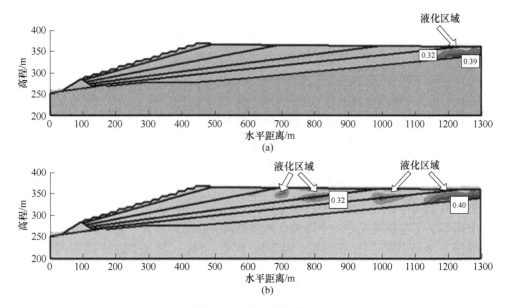

图 2-50　7 度地震液化区
（a）正常运行；（b）洪水运行

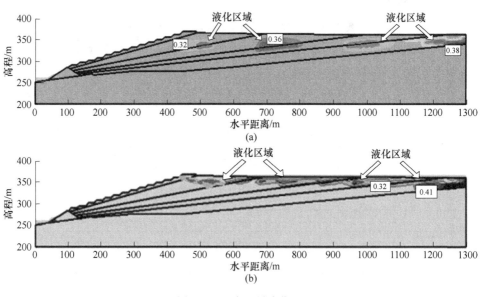

图 2-51　8 度地震液化区
（a）正常运行；（b）洪水运行

7 度地震下尾矿坝表面循环应力比为初期坝和堆积坝外表面与沉积尾砂坡面

的应力比。

图 2-52 和图 2-53 是尾矿坝在经受 7 度地震下坝表面的循环应力比图，由图 2-52 和图 2-53 可知尾矿坝分别在正常工况和洪水工况下坝表面的应力比走势大致一致，其中洪水工况下应力比波动较大，两者的应力比皆在末端最大但未超过临界值，表明尾矿坝表面未发生液化。

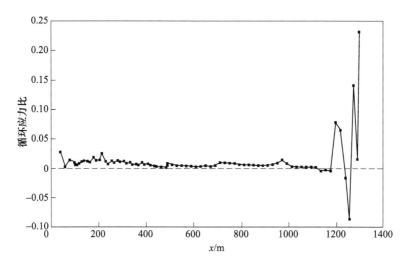

图 2-52　正常工况下尾矿坝表面循环应力比

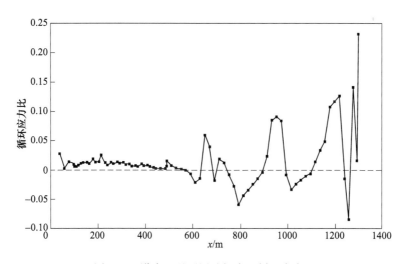

图 2-53　洪水工况下尾矿坝表面循环应力比

8 度地震下尾矿坝表面循环应力比为初期坝和堆积坝外表面与沉积尾砂坡面的应力比。

　　图 2-54 和图 2-55 是尾矿坝在经受 8 度地震下坝表面的循环应力比图，由图 2-54 和图 2-55 可知尾矿坝分别在正常工况和洪水工况下坝表面的应力比走势大致一致，其中洪水工况下应力比最大值接近临界应力比有发生液化的可能，两者的应力比最大值在同一处，但尾矿坝表面未发生液化。

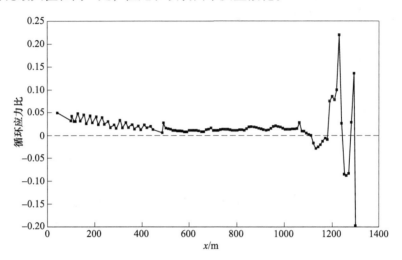

图 2-54　正常工况下尾矿坝表面循环应力比

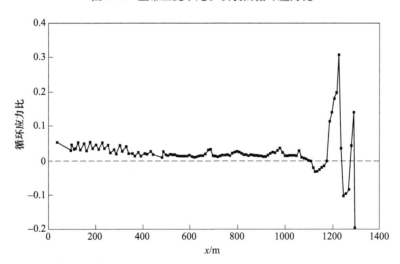

图 2-55　洪水工况下尾矿坝表面循环应力比

　　从上文中的液化分析可知尾矿坝在满足规范要求下的 7 度地震内部发生局部液化，表面不发生液化，尾矿坝是安全的。在更强一度的 8 度地震中，尾矿坝表面虽然不会发生液化，但其内部发生液化区域较大，特别是在洪水工况下有滑坡的可能性，因此尾矿库运行是不安全的。

3 尾矿库无人机监测技术应用研究

3.1 无人机摄影测量技术概述

无人机是指不需要驾驶员登机驾驶的遥控或可自主驾驶的飞行载具,最早用于军事侦察机、靶机,经历21世纪初期商用市场开发,现已大规模应用于农林植保、地理测绘、安防救援等领域,成为推动传统行业进步转型的强劲技术动力。遥感技术是当前获取地理环境及其变化信息的首要技术手段。无人机技术与遥感技术、差分定位技术、通信技术、摄影测量算法等前沿技术交叉融合催生了无人机摄影测量技术,该技术迅猛发展。无人机摄影测量技术可实现空间遥感信息的快速获取与建模分析,相比于卫星遥感耗资巨大、重访周期过长、数据分辨率不足、获取不及时等问题,具有成本低廉、机动性强、数据采集灵活、时效性强等优势,被认为是应对欠发达国家地区遥感数据短缺的有效解决方案,在较小范围或飞行困难区域快速获取高分辨率影像方面具有明显优势,是卫星遥感、航空遥感技术的重要补充。据国外学者评估,无人机摄影测量相比于传统人工测量手段效率高出一个数量级,且数据密度至少高出两个数量级。然而,无人机摄影测量技术当前在矿业领域应用并不多见,且应用场景较为局限,主要集中在露天矿生产管理、尾矿库安全监测、灾害应急救援、矿区环境监测、边坡灾害防治等方面。在当前智慧矿山建设、矿产资源绿色开发大背景下,无人机摄影测量技术仍存在较大的技术供给短板。

3.1.1 无人机平台

无人机航摄系统通常由飞行平台、动力装置系统、导航飞控系统、航摄仪、遥控系统、智能平台、数据传输系统、地面控制系统几部分组成,如图3-1所示。根据动力系统特性,无人机可划分固定翼型与旋翼型,固定翼型主要依靠延展的固定机翼提供升力,而旋翼型无人机则依靠机臂上若干个电机驱动桨叶协同旋转产生升力,如图3-2所示。在相同负载的情况下,固定翼无人机续航表现通常显著优于旋翼型无人机,适用于电力巡检、地图测绘等大规模航测应用场景。在起飞场地需求方面,固定翼无人机大多需要开阔场地、平整跑道或弹射器供飞机滑行起降,而旋翼型无人机则相对灵活,只需一小片空地即可实现垂直起降,能够胜任地形复杂区域测量任务。瑞士Wingtra公司推出的Wingtra One无人机充分结合两者优点，通过固定机翼前端两组旋转桨叶驱动实现垂直起降，克服了固定翼无人机起飞场地限制，爬升到指定高度后再切换姿态至固定翼模式巡航，续航时间最高可达 55min。此外，旋翼型无人机通常可灵活拆卸桨叶，尺寸上更加小巧、便携。当前市面上固定翼无人机主要有中国飞马机器人公司的 F300、瑞士 SenseFly 公司的 eBee、比利时 Trimble UAS 公司的 UX5、美国 Prioria 公司的 Maveric 等，旋翼型无人机包括中国大疆创新（DJI）公司的 Phantom 4 和 Inspire 2、飞马机器人公司的 D1000、Yuneec 公司的 Typhoon H Plus，以及法国 Parrot 公司的 Anafi 等。

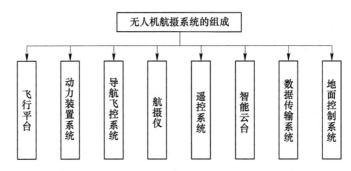

图 3-1　无人机航摄系统的组成

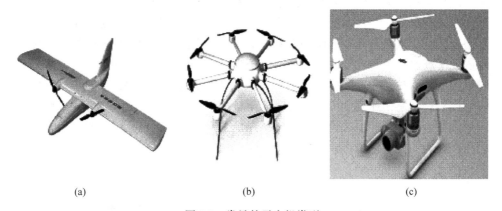

| (a) | (b) | (c) |

图 3-2　常见的无人机类型
（a）固定翼；（b）八旋翼无人机；（c）四旋翼无人机

3.1.2　搭载传感器类型

　　根据无人机平台的尺寸大小、载重能力及遥感任务需求，搭载不同类型传感器。其中最为常见的是光学数码相机，采集影像序列经特征选取、影像匹配、点云生成等一系列处理生成遥感数据成果，被称为无人机摄影测量。因使用门槛低、设备成本低、商用软件多样，搭载光学数码相机的无人机摄影测量是当前应用最为广泛的无人机遥感形式，也是本书讨论的重点。另一方面，随着无人机遥感应用场景越来越丰富，无人机平台可搭载的热红外、多光谱、激光雷达、航磁等传感器正朝着微型化、定制化、模块化的趋势演变，在农林植保、海域环境调查、工业排污监测、矿产资源勘查等领域得以应用，同样受到研究者与从业人员的高度重视。

3.1.3 作业流程

基于光学相机的无人机摄影测量是应用最广泛的一种无人机遥感形式。得益于无人机遥感行业技术进步与市场扩张，市面上摄影测量后处理商用软件种类繁多、特色功能各异，主要有俄罗斯 Agisoft 公司的 Metashape（原名 Photoscan），瑞士 Pix4D 公司的 Pix4Dmapper，法国 Acute3D 公司的 Smart 3D 软件（被 Bentley 公司收购后更名为 ContextCapture），斯洛伐克 Capturing Reality 公司的 RealityCapture，意大利 3DFLOW 公司的 3DF Zephyr、加拿大 SimActive 公司的 Correlator 3D，中国天际航公司的 DP-Modeler、适普软件与武汉大学团队研发的 VirtuoZo、北京航天宏图公司的 PIE-UAV、香港科技大学团队研发的 Altizure、深圳飞马机器人公司推出的一站式无人机管家等。各类软件在任务配置、运算效率、运行环境、参数设置、输出格式、成果分析及配套软件支持等方面存在差异，而基本原理与操作流程大致相同。

制定工作计划时，需综合考虑测量区域任务目标与硬件配置，以确立合适航测参数。重建地面分辨率（ground sampling distance，GSD）是地面上两个连续像素中心点之间的距离，由相机镜头焦距、相机传感器尺寸、拍摄图像宽度和飞行高度四项参数共同决定，反映最终成果的精度和质量，也代表着最终拼接图像的精细化程度，是无人机摄影测量中最引人关注的关键指标。其值越大，代表重建成果空间分辨率越低、细节越不明显。通常情况下，飞行高度越低、相机像素值与焦距值越大，可获得的 GSD 值越小。常用的机载传感器多为数码相机，也可根据应用场景搭载热红外相机、多光谱相机等。部分专业级无人机还可搭载高精度实时动态差分（real-time kinematic，RTK）辅助设备，降低全球定位（global positioning system，GPS）坐标定位误差。与此同时，外业测量通常还需使用易识别标志物标记地面控制点（ground control point，GCP），均匀布设在测区易抵达地点，使用高精度全球定位系统（global navigation satellite system，GNSS）量测记录 GCP 坐标点，以进一步保障摄影测量后处理结果的全局精度，确保生成结果的经纬度与实际 GPS 坐标准确对应。经特征提取、影像匹配、点云生成、结果输出获得测区正射影像/数字表面模型（digital surface model，DSM）等遥感成果，再借助后处理程序或导入第三方软件提取关键信息，开展进一步数据应用与处理分析，如图 3-3 所示。

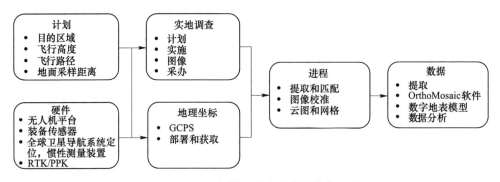

图 3-3　无人机摄影测量作业常规作业流程

3.1.4　摄影测量三维重建原理

伴随着迅速发展的科学技术，各个行业信息化程度也在不断地提高。在尾矿库的测量中，传统的方法是监测某一个特定的点。本书所使用的无人机监测技术可实现尾矿库整体空间立体监测。无人机摄影测量技术需要使用摄影测量三维重建软件对采集的原始影像数据进行三维重建，然后根据三维重建成果进行分析。目前大多厂商研发的摄影测量三维重建软件都是基于影像运动恢复结构 SfM（structure from motion）算法进行影像的三维重建和测量。在摄影测量中，通过对地面上某一物体从不同的角度拍摄，在拍摄得到的多张影像中存在着某种几何约束，SfM 算法根据几何投影关系及之间的约束来获取地物信息。首先由尺度不变特征变换 SIFT（scale-invariant feature transform）算法提取出影像之间的特征点，由于在航摄过程中存在风速和无人机高速旋转电机产生抖动等影响，SIFT 算法会针对提取的特征点进行剔除和匹配，一系列匹配点从每两幅图像中搜索到后，便被纳入轨迹中。而轨迹为多视图间匹配点的连通集，用多于两个特征点一致的轨迹进行重构来恢复每幅图像的相机参数和每个匹配轨迹的三维位置信息。SfM 算法示意图如图 3-4 所示。

如有 m 幅图像，空间中 n 个点，有方程：

$$X_{ij} = P_i X_j \qquad i = 1,\cdots,m;\ j = 1,\cdots,n \qquad (3\text{-}1)$$

式中　X_{ij}——第 i 幅图像中第 j 个点的二维信息；

$\qquad X_j$——第 j 个点的三维位置信息；

$\qquad P_i$——第 i 幅图像的投影矩阵；

$\quad m, n$——由 $m \cdot n$ 个二维信息，估算 m 个投影矩阵以及 n 点的三维位置信息。

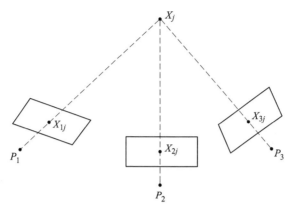

图 3-4　SfM 算法示意图

3.1.5　无人机遥感技术在矿业领域应用现状

3.1.5.1　露天矿山生产管理

无人机遥感技术可为露天矿提供低成本、高质量的空间数据支撑，推进生产管理方式向智能化、信息化转变。国内外学者对此开展了大量研究，李迁在江西龙南稀土矿区开展无人机遥感测试，指出该技术在掌控矿山运行状态、储量变化、尾矿堆存能力、复垦复绿情况、非法开采搜证等场景具备应用潜质；Xiang、Chen 使用固定翼无人机获取 2014~2016 年北京密云铁矿地表地貌遥感数据，并通过数字表面模型差异算法求得体积变化，结合经验模型提取分析露天采场范围及其变化特征；Chen、Li 利用该技术获取北京周边两处铁矿的高分辨率 DSM 地形数据，研究分析露天矿边坡位移特征、周边地貌变化及其与环境污染关联特征，指出该方法能够以较低成本实现大规模地形调查，有利于矿山绿色可持续开采规划与环境保护实践；张玉侠等为减小外业劳动强度、提升工作效率，引入无人机摄影测量技术成功实现露天矿山开采范围、开采面积、开挖土方量、开采过程、排水疏干、土地复垦的动态监测。在成果精度验证方面，许志华等将无人机遥感测得采剥量、堆排量与矿车运输台账对比验证，显示其精度接近地面激光雷达扫描结果，可满足工程应用需求；Esposito、Mastrorocco 借助该技术测得 2013~2015 年间意大利一处露天矿点云数据与体积变化量，与实际开采、排土、复垦数据对比验证显示成果精度满足工程需求，适用于露天矿这类地形地貌动态变化的监测场景。在与传统测量方法的对比研究方面，杨青山等分别借助无人机遥感与传统人工 GPS RTK 测量手段评估新疆地区两座矿山动用储量，对比显示其相对误差优于 10%、精度满足工程要求，并且无人机遥感外业测量耗时缩短 2/3，工作效率更高，数据不易篡改可信度更好，能够实现矿山储量变化全局掌控，从技术层面遏制违法采矿活动，保障新疆地区资源开发有序开展；Raeva、Filipova 以保加利亚一处采石场为例对比研究无人机遥感与传统人工测量手段在储量动态监测的应用效果，结果显示无人机遥感成果误差在 1.1% 左右，而数据采集耗时缩减 90% 以上，更适合大范围区域的数据快速获取；Tong、Liu 提出无人机遥感与地面激光扫描技术结合的露天矿三维成图与监测工作方法，现场测试表明成图精度达到分米级别。此外，在矿产勘察方面，崔志强利用无人机平台高精度航磁/伽马能谱综合测量系统开展了湘东南地区岩性构造填图及找矿远景预测研究，认为无人机航空物探技术正趋于成熟，具备良好应用前景；李飞等介绍了无人机航磁测量系统在新疆克拉玛依和喀什地区应用情况，表明其在地质填图、地质构造、矿产资源勘察应用中效果良好。

综上可见，在露天矿山生产管理辅助中，无人机遥感精度可媲美人工测量、地面激光扫描等传统测量手段，并且具有机动性强、人工作业强度低、数据可靠度高、覆盖面大、工作效率高等优势。此外，无人机遥感技术在地质调查、矿产勘察中也有应用。

3.1.5.2　尾矿库安全监测

由于尾矿库溃坝灾害诱发因素多、成因复杂、后果严重，其运行情况的实时监测对于安全管理实践至关重要。地表布设传感器的传统监测方式在实践中暴露出视角单一、造价与维护成本高、长期稳定性差等问题。例如，2019 年 1 月巴西 Brumadinho 尾矿坝溃决事故酿成 249 人丧生、21 人失踪的惨重后果，经调查尾矿库安装多达 94 个孔隙水压计和 41 个水位监测传感器，而在事故发生前未监测到任何数据异常。运用无人机遥感技术作为尾矿库传统地表监测系统的有力补充，突破地表的点位监测局限实现尾矿库及其周边区域的整体全局监测，是当前尾矿库防灾减灾领域的研究热点之一。Rauhala、Tuomela 尝试利用该技术对芬兰极地区域一处已暂停使用的金矿尾矿库开展年沉降量监测，验证结果表明测量成果分辨率可达到分米级别，能够快速为尾矿库生产运营管理与位移监测提供连续、低成本的支撑数据；巴西 Samarco 铁矿自 2013 年开始实施以月度为周期的无人机影像巡查及地形监测工作，积累影像资料与遥感数据成为 2015 年溃坝事故调查的重要证据；贾虎军等提取无人机遥感航测三维结果实时掌控尾矿库基础参数、堆排量与下游情况等，从而评估分析尾矿库安全状态与灾害风险；马国超等以四川省某尾矿库为研究对象，探索研究无人机摄影测量技术在尾矿库建设规划中的适用性与应用场景，得到水平和高程误差分别为 0.311m 与 0.304m，可用于辅助尾矿库建设规划与安全风险评价，克服矿区复杂地形限制与劳动作业强度高等难题；王昆将无人机摄影测量成果与数值模拟方法结合，超前预测正常运行尾矿库发生溃坝事故情形下泄漏泥浆在真实地形上的演进过程，提取出泥浆流速、淹没深度、波及范围等关键数据，为尾矿库应急管理提供参考。如何进一步提高监测精度、简化工作流程、提高工作效率、拓展成果应用场景是该技术进一步推广需要着重改进的方向。

3.1.5.3 灾害应急救援

先进配套装备是矿山灾害应急救援工作的制胜法宝。充分发挥作业机动性强、不受地形限制等优势，国内外学者探索无人机遥感技术在滑坡、地震等灾害应急救援中的应用场景，积累了大量成功案例，对于该技术服务支持矿山应急救援工作具有示范指导意义。

在应急测绘与灾区调查方面，Chiabrando、Sammartano 先后借助固定翼无人机 eBee、四旋翼无人机 Phantom 4、地面近距离摄影测量及 Zeb1 手持激光雷达对2016 年 6 月意大利中部一处地震受灾村庄开展了遥感勘测工作，固定翼与旋翼型无人机所获取成果地面分辨率分别达到 5cm/pixel 和 2.18cm/pixel，可基本满足灾情调查及情势研判需求；Mavroulis、Andreadakis 基于 WebGIS 应用与无人机遥感提出地震灾害损失的快速评估技术框架，并在 2017 年 6 月希腊莱斯沃斯岛地震早期应急响应中发挥重要作用；Yamazaki、Matsuda 采用运动恢复结构算法处理地表与无人机采集影像资料，分别获取日本、尼泊尔两处地震灾区建筑物模型，以快速评估灾区整体概况与建筑物受损情况；杨燕等使用 4 架无人机对 2016年浙江丽水"9·28"滑坡事故开展了无人机摄影测量应急测绘，快速获取的正射影像图、三维模型及视频图像数据为现场救灾提供了地理信息数据支持；臧克、孙永华在 2008 年汶川地震救援工作中使用无人机勘察北川县南部受灾地区，快速评估受灾区域整体状况，用以指导制定次生灾害预防措施与抢险救灾方案；黄瑞金等提出以异构无人机集群灾情地理信息为核心的灾害监测数据协同采集及处理方法，在"8·8"九寨沟地震与"6·24"茂县山体垮塌的应急处置和灾情掌控中发挥出关键作用。在应急救援搜寻方面，李明龙等针对地震灾害救援场景提出无人机集群空地协同搜救框架，搭载红外、声呐、雷达等生命探测装置，探获受灾人群位置密度分布信息，为应急救援工作开展提供参考。然而，当前无人机遥感作为新兴技术在应急救援领域应用仍处于探索阶段，存在诸多限制该技术大规模推广应用的难题，Boccardo、Chiabrando 分析总结出以下 3 项技术应用难点：(1) 配套装备需预先部署在高风险区域，以保障应急救援响应效率；(2) 低能见度、暴雨、大风等极端天气条件将制约无人机作业；(3) 灾害应急工作分秒必争，采集影像处理时长与成果质量难以平衡。

3.1.5.4 矿区环境监测

随着生态文明建设、矿山可持续发展战略全面推进，矿山环境保护、复垦复绿工作受到监管部门与矿山企业的高度重视。无人机遥感技术可大大降低环境监测人力劳动强度，杨海军等举例阐述了无人机遥感技术在矿山环境风险评估、突发环境事件、污染调查等领域的应用价值，如张家口 520 座尾矿库环境风险调查、2012 年贵州万泰锰业尾矿库泄漏应急监测、2010 年吉林永吉县山洪灾害导致化学原料泄漏遥感监测等，该技术可弥补传统地面环境监测手段周期长、范围小、连续性差等局限。在矿区地表塌陷变形监测方面，高冠杰等将无人机遥感技术引入到采煤地表沉陷量变形监测中，测得羊场湾煤矿某工作面最大沉陷量为6.5cm，与地面实测结果较为吻合；侯恩科等以宁东煤炭基地金凤煤矿地表塌陷灾害监测为案例，研究高分辨率无人机遥感信息在矿区地表裂隙解译、地面沉降量计算、塌陷移动规律的处理与分析方法，结果显示：（1）地形平坦区域 143m航高可识别约 2cm 宽度的地表裂缝；（2）基于光谱、延长线和紧密阈值规则的计算机自动提取分类方法可实现采煤地面塌陷裂缝的快速有效识别；（3）采煤工作面地表下沉量和下沉系数精度经验证满足现场技术需求。无人机搭载多光谱传感器监测矿区植被同样受到研究者青睐，肖武等基于无人机多光谱影像遥感数据构建了采煤沉陷区农作物生物量反演模型，评估高潜水位矿区开采沉陷而引发的农作物灾害影响程度，并分析了该方法在矿山土地破坏监测、土地复垦与生态修复评价等领域的应用潜力。此外，在矿区土地侵蚀方面，魏长婧等通过提取山西省马脊梁矿区无人机遥感影像与多波段扫描影像的纹理特征、线性特征、分形维数、归一化植被指数及光谱特征，绘制出矿区地裂缝分布信息图，为矿区灾害综合治理提供参考；杨超等利用该技术研究矿山排土场边坡土壤侵蚀速率，获取的数字高程模型精度达到 0.26m，推算得出土壤流失面积、侵蚀沟体积、侵蚀速率等重要参数；赵星涛等应用无人机遥感技术排查地面塌陷、地裂缝等矿山地质灾害，认为其具备精度高、耗时短、机动性强等优点，在土地利用变化、矿山地质灾害规模及分布探测等场景中有良好应用前景；D'Oleire-Oltmanns 等制定年度/季度的无人机摄影测量采集计划，以获取摩洛哥南部沟壑区的多尺度数字地形模型，结合 GIS 工具量化该区域沟谷面积与体积，揭示其随时间的变化规律，实现了优于卫星遥感与传统野外调查的土壤侵蚀高分辨率监测。在矿区生态修复方面，何原荣等基于无人机重建影像数据与三维激光扫描点云数据评估紫金矿区生态修复工程，指出该项技术具备分辨率高、非接触性、效率高的优势，可用于矿区修复质检、复垦工程管理中；Hassan-Esfahani 等通过无人机搭载多光谱传感器采集视觉光谱数据、近红外和红外/热遥感数据，引入一系列植被指数作为输入变量，并结合人工神经网络构建模型评估土壤表层湿度，与地面实测记录的比对显示该方法能够胜任土壤表层湿度的低成本、高效率监测。综上可见，国内外学者应用该技术在矿区环境风险评估、塌陷区变形监测、土地侵蚀、植被保护、生态修复等方面积累了大量研究经验，在我国生态矿山建设的浪潮下，该技术在矿山环境监测领域拥有良好推广前景。

3.2 尾矿库无人机监测案例

3.2.1 案例工程背景

工程研究实例选自鲁中矿业有限公司御驾泉尾矿库,库区位于山东省莱芜市境内,位于市区北部10km外的口镇境内,距离口镇城区约3.5km,距鲁中矿业有限公司选矿厂约7km。莱芜市位于山东省中部,泰山东麓,东邻淄博市,北依省会济南市,地势呈由东向西倾斜,北、东、南三面向盆地中部倾斜。境内地貌单元主要为低山丘陵、河流阶地面、冲洪及残坡积平原,境内山脉北部为泰山山脉,南部为徂徕山余脉,呈东西走向,自然资源以铁、铜、金、铅、煤、铝土为主。气候条件属于暖温带大陆性半湿润季风气候,年平均气温约为12.5℃,年平均降水量约为668mm,降水主要集中在6~9月份,占全年降水量的65%以上。

御驾泉尾矿库依仗北侧秃尼子山一处山谷的三面环山天然地势而建,东侧为凤凰山,南侧为秦皇寨山。堆筑尾矿坝拦截山谷口形成了这座典型的山谷型尾矿库,山谷口朝西南方向。下游1km内零星分布着厂房、耕地及水塘等,约1.5km外坐落着北山阳村,G2京沪高速公路紧贴村庄东北侧穿过,距离尾矿坝坝址直线距离约1km(如图3-5所示)。若极端条件下溃坝事故不幸发生,溃坝泥浆可能将淹没下游厂房及重要交通道路,对人民群众生命财产安全构成威胁。

御驾泉尾矿库由原鞍山黑色金属矿山设计院(现中冶北方工程技术有限公司)设计,初期坝于1985年建成并投入使用,结构为堆石和废石混合透水坝,坝体内外坡比为1:2,坝底海拔高度为256m,坝高29m,坝轴线长度为540m,坝体内侧铺设土工布反滤层。一期设计坝体堆积标高350m,总坝高94m(包含初期坝),设计库容为$3.59 \times 10^7 m^3$。因产出尾矿粒度过细难以形成干滩面,采用废石、土工布、旋流器沉沙筑坝的上游式筑坝方法,图3-6为现场实拍图。

(1)尾矿库监测设施。御驾泉尾矿库监测系统采用人工监测和在线监测系统相结合的方式进行监测,自从建库以来,尾矿库采用手工监测的方式对坝体位移和浸润线进行监测。在2010年,鲁中矿业有限公司对御驾泉尾矿库开始建设在线监测系统,在线监测系统包含浸润线、坝体位移、库水位、降雨量和干滩长度的监测。其中在尾矿库的各期子坝中总共布设了19个浸润线观测点。2012年完成坝体位移观测系统的安装,包括8个视频摄像头、无线设备、太阳能板、全站仪、棱镜及保护设备22套。图3-7(a)为浸润线手工监测,图3-7(b)为浸润线在线监测。图3-8(a)坝体位移手工监测,图3-8(b)为坝体位移在线监测。图3-9为尾矿库在线视频监测设备。

随着矿山生产年限的推移,尾矿堆积越来越多,子坝高度随之增加。2018年已有的监测系统升级改造,新增了14个浸润线监测和9个坝体表面位移监测,

图 3-5　御驾泉尾矿库及其周边重要设施分布图

图 3-6　御驾泉尾矿库筑坝方式实拍图

(a)　　　　　　　　　　　　　　　(b)

图 3-7　浸润线监测

（a）浸润线手工监测；（b）浸润线在线监测

(a)　　　　　　　　　　　　　　　(b)

图 3-8　坝体位移监测

（a）坝体位移手工监测；（b）坝体位移在线监测

其中浸润线监测由 14 个渗压计传感器和 1 套数据采集仪（14 接口）组成，新增的浸润线传感器位置及线缆敷设路线如图 3-10 所示。

在每个传感器中，通过传感器线缆将监测的数据传至 21 期子坝的数据采集仪中，各传感器的线缆敷设到数据采集仪后分别与采集仪相应浸润线接口连接。

图 3-9   尾矿库在线视频监测

图 3-10   传感器位置及线缆敷设线路示意图

现场共安装 14 个浸润线传感器，共有 14 条传感器线缆汇入数据采集仪。

　　对于坝体表面位移监测的扩容，主要在 21 期、17 期、11 期、7 期坝上分别新增 6 个、1 个、1 个、1 个棱镜点，新增 9 个观测点由系统中原有的智能机器人（Trimble S8 全站仪）进行点位监测，扩容后的点位布设如图 3-11 所示。

图 3-11 点位现状示意图

降雨量监测原先使用布置于坝址的雨量计进行监测，项目扩容后，将降雨量监测集成到在线监测系统中。监控中心由系统原有的监测主机、交换机等设备组成。

（2）尾砂特性。尾矿库一旦发生溃坝事故，溃决尾砂在水流的冲刷作用下形成尾砂流，一起向下游区域演进，其中尾砂的起流速度、尾砂粒径及其成分组成有着密切的关系，因此在进行溃坝研究前需要对尾砂相关的物理力学特性进行实验测定。本次试验的尾砂取自鲁中矿业有限公司选厂，并于 2019 年 7 月运至北京进行测定，图 3-12 为选厂取样过程。

本次试验采用筛析法和激光粒度分析仪相结合的方法进行尾砂粒径组成测试，图 3-13 为尾砂颗粒粒径分布图。

在工程中，利用尾砂的级配积累曲线确定尾砂的级配指标，即用尾砂的不均匀系数 C_u 和曲率系数 C_c 反映不同粒组的分布情况。将 C_u 小于 5 的土看作土粒均匀，属于级配不良；把 $C_u \geq 5$、$C_c = 1 \sim 3$ 的土定为级配良好，本次试验计算得到尾砂的不均匀系数 $C_u = 4.24$，$C_c = 1.14$，平均粒径 $d = 0.064\text{mm}$。因此可以看出尾砂的级配不良，这是由于御驾泉尾矿库筑坝尾砂中粗颗粒含量少，而细颗粒的尾砂含量多。

（3）无人机航测平台。选用大疆精灵 4 RTK 专业级航测无人机。精灵 4

图 3-12　尾砂现场取样

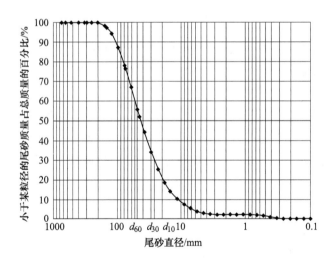

图 3-13　尾砂颗粒粒径分布图

RTK 无人机是为高精度建图与精准飞行专门设计的一款行业级无人机,相对于目前市场上普通的无人机,主要增加了高精度 RTK 定位导航系统,相机与 RTK 系统采用微秒级时间同步,具有支持 RTK 和 PPK 双解决方案的高性能成像系统,为每张影像实现高精度的定位提供了保障。表 3-1 为无人机的主要参数。

表 3-1　大疆精灵 4 RTK 无人机规格参数表

名称	参数	名称	参数
相机型号	FC6310R	影像传感器	1 英寸 CMOS
最大水平飞行速度	50km/h（定位模式）	云台稳定系统	3-轴（俯仰、横滚、偏航）
最大上升速度	6m/s（自动飞行）	最大下降速度	3m/s
最大起飞海拔高度	6000m	最大可倾斜角度	25°（定位模式）
飞行时间	30min	工作环境温度	0~40℃
重量（含桨和电池）	1391g	轴距	350mm

3.2.2　影像数据采集

3.2.2.1　实地踏勘和飞行区域确定

该尾矿库三面环山，周边环境与地形情况较为复杂。考虑无人机作业范围及安全飞行作业要求，本次研究区域确定为从库区到下游某高速公路前距尾矿坝坝趾约 900m 的位置，覆盖面积约为 2.61km^2，如图 3-14 所示。

图 3-14　研究区域概况图

3.2.2.2　地面控制点的布设与测量

外业测量像控点的选择与布设质量对于内业处理刺点工作至关重要，在布设像控点时需要遵循以下原则：

（1）布设像控点时，为了保证在三维重建时可以在影像中找到像控点位置，像控点必须布设在测区范围内，且在执行每次飞行任务之前，保证飞行区域的所有像控点已经统一布设完毕。

（2）像控点布设位置周围环境应开阔无遮挡，确保在无人机航拍可顺利捕捉其影像。

（3）为减小刺点工作量，像控点应该布设在道路的交叉口或拐角、人工建筑物旁，或者布设位置处的地形和周边环境有明显差异处（如本研究区域尾矿库中覆绿区域和未覆绿区域交界处等），从而提高后续进行刺点工作时的效率。

（4）像控点布设时应尽量避免航拍后出现在影像的边缘位置。通常在影像边缘处，影像畸变比中间位置大，并且容易受天气和拍摄时光线的影响，造成较大的投影误差，从而影响刺点精度。

（5）像控点位置应避免布设在有信号塔和通信电路穿过的区域，确保在使用 GPS 等仪器进行测量时受到电磁干扰。

本次研究区域地形主要为侵蚀构造中低山峡谷，考虑到以上布设原则并结合库区的地形条件，本次飞行区域共布设了 26 个地面控制点，图 3-15 为地面控制点布设图。

图 3-15　地面控制点布设

控制点坐标旗采用边长为 1m 的正方形布料制作而成，测量时使用华星 A12 高精度全球卫星定位系统（GNSS）实时动态差分仪 RTK 接收站测量控制点的坐标信息。主要测量步骤为设置移动站和基准站，将基准站和移动站设置为 UHF 数据链，设置相同的 UHF 电台频道，确保移动站接收到信号，然后将移动站接收站竖直放置于控制点标志物的正中心位置，并调整仪器水平居中，进行控制点坐标测量，图 3-16 为使用华星 A12 GNSS RTK 接收站测量控制点坐标实拍图。该仪器的静态水平定位精度可达 $\pm(2.5+1\times106D)$ mm，高程精度达到 $\pm(5+1\times106D)$ mm。

图 3-16　GNSS RTK 接收站测量控制点坐标实拍图

本次研究区域野外实测的 26 个控制点坐标如表 3-2 所示（为了对坐标数据保密，分别将 x 轴坐标值的前三位和 y 轴坐标值的前四位以 * 代替）。

表 3-2　控制点坐标实测值

控制点编号	x/m	y/m	高程/m
GCP1	＊＊＊436.8721	＊＊＊＊026.175	346.5981
GCP2	＊＊＊460.3799	＊＊＊＊914.668	346.6331
GCP3	＊＊＊492.3521	＊＊＊＊786.431	346.4341
GCP4	＊＊＊473.4437	＊＊＊＊706.187	333.5822
GCP5	＊＊＊426.1931	＊＊＊＊844.284	335.0305

控制点编号	x/m	y/m	高程/m
GCP6	＊＊＊401. 3522	＊＊＊＊995. 496	336. 1045
GCP7	＊＊＊486. 3101	＊＊＊＊598. 873	320. 5063
GCP8	＊＊＊397. 1591	＊＊＊＊787. 313	321. 0714
GCP9	＊＊＊352. 6522	＊＊＊＊977. 034	322. 921
GCP10	＊＊＊315. 8823	＊＊＊＊964. 866	310. 9579
GCP11	＊＊＊324. 32	＊＊＊＊896. 327	310. 4986
GCP12	＊＊＊341. 6978	＊＊＊＊822. 908	310. 0016
GCP13	＊＊＊363. 1668	＊＊＊＊744. 183	310. 0578
GCP14	＊＊＊560. 7186	＊＊＊＊658. 487	343. 9486
GCP15	＊＊＊649. 2021	＊＊＊＊545. 69	344. 2159
GCP16	＊＊＊922. 1601	＊＊＊＊526. 086	344. 8496
GCP17	＊＊＊881. 8746	＊＊＊＊487. 826	333. 328
GCP18	＊＊＊719. 5253	＊＊＊＊482. 389	332. 3174
GCP19	＊＊＊608. 115	＊＊＊＊497. 33	331. 1322
GCP20	＊＊＊544. 0975	＊＊＊＊483. 306	319. 1614
GCP21	＊＊＊660. 2283	＊＊＊＊441. 05	320. 5184
GCP22	＊＊＊796. 4455	＊＊＊＊437. 758	321. 7446
GCP23	＊＊＊750. 3663	＊＊＊＊358. 57	303. 5638
GCP24	＊＊＊600. 9041	＊＊＊＊377. 432	302. 0465
GCP25	＊＊＊456. 8761	＊＊＊＊481. 233	301. 1245
GCP26	＊＊＊580. 8248	＊＊＊＊329. 361	291. 8168

3. 2. 2. 3　航摄参数设置

在进行无人机飞行作业前，为了保证作业任务的完成，需要提前进行航摄参数的规划和设置。影响无人机航拍质量的主要因素有航线设计、相对航高、重叠率等因素，本次研究区域为了保证航拍质量，在航拍前对以下参数进行了计算论证：

（1）航高设置。根据《低空数字航空摄影规范》，相对航高的计算公式如式（3-2）所示：

$$H = \frac{GSD \times f}{\alpha} \tag{3-2}$$

式中　H——相对航高，m；

　　　f——相机焦距，mm；

GSD——地面分辨率，m；

α——像元大小，mm。

本次研究选用的大疆精灵 Phantom 4 RTK 无人机，相机型号为：FC6310R；相机焦距：8.8mm；像元大小：2.41μm，为了保证较高的分辨率，同时保证飞行安全，结合库区实际的地形特征，库区和下游飞行相对高度设为120m，分辨率为3.29cm/pixel；尾矿坝区域飞行相对高度设为100m，分辨率为2.74cm/pixel。

（2）航向、旁向重叠率和相机角度设置。在摄影测量中，由于地形的复杂程度不同，在地势比较平坦的地方，较小的航向和旁向重叠率就可以保证影像的处理质量，当地势为高山，高低不平时，由于影像之间存在遮挡，因此需要根据拍摄目标的实际情况进行相关参数的设置。本研究区域由于地形三面环山，高低起伏较大，且尾矿库坝坡陡峭，周围地形比较复杂，考虑地物遮挡与航摄距离变化产生的影响，需设置较高的重叠率。航向重叠率设为80%，旁向重叠率设为70%，同时为了保证照片的质量，相机角度设为45°，航线之间采用交叉飞行的方式进行航线设计。下游和库区地势相对较为平坦，航向重叠率设为70%，旁向重叠率设为60%，相机角度设为向下90°，航线之间采用平行飞行的方式进行航线设计。

3.2.2.4 地面控制系统

地面控制系统通常为具有航线规划功能的飞行控制软件。本研究所采用的是大疆自主研发的内置在遥控器中的 GS RTK APP 进行航线规划，同时结合 Google Earth 软件提前规划飞行区域。该软件支持外界 KML 文件的导入，最大可以支持99个边界点，完全满足复杂地形的航点编辑。航线规划完成后，软件会自动根据设置的航线信息显示当前规划区域的面积、预计飞行的时间和拍照数量等信息。为提高工作效率，将研究区域划分为上游库区、坝坡左侧、坝坡右侧、下游区域四个飞行区域开展航测工作。

结合前面航摄参数的设置方法，根据研究区域中各个分块的地形特点，本次研究中各个飞行区域的航摄参数如表3-3所示。

表3-3 航摄参数表

飞行区域	飞行架次	覆盖面积/km²	航向重叠率/%	旁向重叠率/%	相机角度/(°)
上游库区	3	1.019920	70	60	90
坝坡左侧	2	0.226327	80	70	45
坝坡右侧	3	0.146899	80	70	45
下游区域	4	1.216541	70	60	90

3.2.2.5 作业飞行

航摄相关的参数设计完成后，为了保证航拍质量和飞行作业的安全，本次研究任务选择晴朗风小的天气进行外业摄影测量。飞行前通过风速测量仪测量当前环境的最大风速为 3m/s，平均风速为 1.2m/s，完全满足大疆精灵 Phantom 4 RTK 无人机飞行时风速小于 10m/s 的要求。图 3-17 为现场风速测量仪、无人机及遥控设备现场实拍图。另外考虑到精灵 Phantom 4 RTK 无人机最大电池续航时间仅有 25min，而本次研究区域面积大，数据采集范围大，提前准备 6 块电池作为备用，总计飞行 12 个架次，采集航摄影像 2351 张。

(a)　　　　　　　　　　　　(b)

图 3-17　风速测量仪、无人机及遥控设备现场实拍图
（a）风速测量仪现场实拍图；（b）无人机及遥控通信设备

3.2.3　影像数据三维重建

3.2.3.1　数据准备

常用的摄影测量数据处理软件使用的数据有原始影像数据、地面控制点的坐标及 POS 数据等，在航空摄影像数据处理前，需要检查所获取的原始影像及相关数据的完整性和准确性。御驾泉尾矿库三面环山，库区周围地形及下游周边环境较为复杂，航拍影像有可能出现遮挡，覆盖不完全等现象；因此在进行影像内业处理前需要检查影像数据拍摄是否完整，是否存在漏拍，发现有质量不合格的影像及时补拍。处理影像时需要导入地面控制点坐标，并在影像中找到地面控制点坐标旗的中心位置，然后根据导入的控制点坐标进行刺点工作，因此需要检查在当前高度下影像中的控制点坐标旗是否清晰可见，确保刺点工作顺利进行，图 3-18 为控制点坐标旗在影像中的航拍图，可以发现像控点坐标旗在当前航拍高度下清晰可见，满足刺点要求。

图 3-18 控制点坐标旗航拍图

本研究使用大疆精灵 Phantom 4 RTK 无人机，由于每张影像的 POS 数据都包含在影像的信息中，因此无需单独导入影像的 POS 数据。本研究选用的相机型号为 FC6310R，当各项参数设置完成后，即完成了工程的建立和数据的导入工作。图 3-19 为影像数据导入后的示意图。

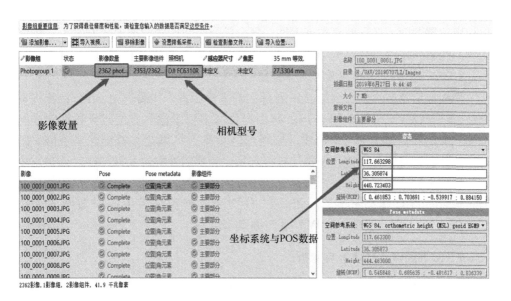

图 3-19 数据导入示意图

3.2.3.2　像控点导入与刺点

在处理数据时要求控制点坐标、影像数据坐标及最终输入的数据处理结果中采用的坐标系一致，本次统一采用 WGS-84 坐标系，控制点导入如图 3-20 所示。

名称	类别	检查点	给定X	给定Y	给定椭球高	水平精度[n]	垂直精度[m]
Rt0	完整	☐	559560.720	4019658.…	343.950	0.000	0.000
Rt1	完整	☐	559649.200	4019545.…	344.220	0.000	0.000
Rt10	完整	☐	559600.900	4019377.…	302.050	0.000	0.000
Rt11	完整	☐	559456.880	4019481.…	301.120	0.000	0.000
Rt12	完整	☐	559580.820	4019329.…	291.820	0.000	0.000
Rt2	完整	☐	559922.160	4019526.…	344.850	0.000	0.000
Rt3	完整	☐	559881.870	4019487.…	333.330	0.000	0.000
Rt4	完整	☐	559719.530	4019482.…	332.320	0.000	0.000
Rt5	完整	☐	559608.120	4019497.…	331.130	0.000	0.000

图 3-20　导入像控点坐标

在像控点编辑器中，参照外业地面控制点坐标旗的位置信息，在对应图上刺出相应位置，为了保证刺点的准确性，每个控制点在四张影像上分别刺点，最终的刺点位置软件通过获取平均值确定，刺点工作如图 3-21 所示。

3.2.3.3　空中三角测量与三维重建

根据前面章节详细介绍的摄影测量三维重建原理，主要通过 SIFT 特征提取算法，结合控制点坐标数据和 POS 数据提供的多视影像外方位元素数据完成特征提取。然后将连接点与连接线、控制点坐标及 POS 数据多视影像区域网平差的误差方程进行联合平差，经过计算得到每张相片的外方位元素，随后通过空中三角测量加密将影像同名特征点在空间中匹配与对齐，空中三角测量加密结束后即可进行三维重建，图 3-22 ~ 图 3-24 分别为三维重建后生成的数字表面模型（DSM）、正射影像图（DOM）和三维模型。

3.2.4　三维重建精度评价与分析

在摄影测量三维建模中，精度评价与分析是衡量摄影测量建模成果质量高低的关键步骤，同时高精度的三维模型也为基于真实地形的尾矿库溃坝模拟研究提

名称	类别	检查点	给定X	给定Y	给定椭球高	水平精度[n]	垂直精度[m]
Rt0	完整	☐	559560.720	4019658…	343.950	0.000	0.000
Rt1	完整	☐	559649.200	4019545…	344.220	0.000	0.000
Rt10	完整	☐	559600.900	4019377…	302.050	0.000	0.000
Rt11	完整	☐	559456.880	4019481…	301.120	0.000	0.000
Rt12	完整	☐	559580.820	4019329…	291.820	0.000	0.000
Rt2	完整	☐	559922.160	4019526…	344.850	0.000	0.000
Rt3	完整	☐	559881.870	4019487…	333.330	0.000	0.000
Rt4	完整	☐	559719.530	4019482…	332.320	0.000	0.000
Rt5	完整	☐	559608.120	4019497…	331.130	0.000	0.000

图 3-21 选刺像控点

图 3-22 御驾泉尾矿库数字表面模型（DSM）

供了基本保障，在观测精度的衡量中，中误差可以很好地反映误差精度，其广泛地应用在测绘行业中。本书中精度的评价通过引用中误差计算公式对空中三角测量质量和几何模型的质量进行评价，公式如式（3-3）所示：

$$m = \sqrt{\frac{\sum(\Delta^2)}{n}} \tag{3-3}$$

式中　Δ——某次测量中观测值与实际测量值的偏差；

　　　n——观测次数。

0m　　250m　　500m　　750m　　1000m

图 3-23　御驾泉尾矿库正射影像图（DOM）

图 3-24　御驾泉尾矿库三维模型

3.2.5 空中三角测量精度评价与分析

空中三角测量完成后生成的质量报告是对数据处理情况的直接检验,空中三角测量的精度为后续三维重建提供了质量保证,因此在空中三角测量处理过程中需要对其精度严格监控。本次试验研究生成的质量报告中,导入的影像中2351张影像已校准,校准率为100%,完全满足影像处理的要求,在输出的成果中影像的平均地面分辨率为3.42cm/pixel,模型中地物清晰可见。空中三角测量报告中6个检查点的精度误差如表3-4所示。

表3-4 表检查点精度   （m）

检查点编号	水平误差	垂直误差	3D 误差
CP1	0.024	0.013	0.027
CP2	0.051	0.047	0.069
CP3	0.041	0.008	0.042
CP4	0.029	0.017	0.034
CP5	0.029	0.019	0.035
CP6	0.018	0.047	0.050

在6个检查点中,水平方向的最小误差为0.018m,最大误差为0.051m,通过中误差公式计算得出水平方向的中误差为0.034m;垂直方向的最小误差为0.008m,最大误差为0.047m,中误差通过计算所得为0.030m;3D最小误差为0.027m,最大误差为0.069m,中误差计算所得为0.045m。由此可以看出精度误差控制在厘米级范围内,为基于高分辨率地形的溃坝模拟提供了保证。

3.2.6 模型细部结构评价与分析

图3-25和图3-26为御驾泉尾矿库三维重建后的细节图,图中可以看出尾矿库下游区域分布有居民房屋和临时厂房。在图3-26中局部区域放大后可以清晰地看到下游房屋、道路和植被等建筑和地物的分布情况,其中房屋棱角分明,外观整洁,无较大变形与扭曲。影像拍摄日期为夏季,从模型中可清楚观察到下游区域植被茂盛。本书将基于三维重建后的高精度地形,通过三维计算流体软件进行溃坝模拟,然后将模拟结果结合重建高分辨率地形,分析溃坝发生后泥沙和溃决水流所能淹没的范围及淹没高度。提前预测下游区域居民房屋及其他生活设施所受灾害的影响,为御驾泉尾矿库的溃坝灾害的评估及下游区域防护工程的建立提供一定的参考建议。

图 3-25　尾矿库下游区域细节图

图 3-26　局部区域放大细节图

3.2.7　模型中特征线段精度评价与分析

传统的建模技术一般是由专业建模人员根据真实物体的尺寸数据，使用建模工具直接根据真实尺寸进行正向建模，因此建模精度高，误差小。而摄影测量建模则是一个逆向建模的过程，建模依据真实世界中的实体模型在计算机中通过摄影测量建模软件生成可操作、可编辑和可测量的数据模型。但由于在影像拍摄的过程中受各种因素的影响，飞行器在飞行过程中可能存在抖动，并且飞行器在飞行过程中同时进行拍摄任务，每张影像的 POS 数据存在拍摄延迟和位置未及时刷新等问题，导致实际建模结果和真实地物存在误差过大的可能，因此在三维建模结束后，在模型中选择特征线段并量测其几何尺寸，然后将模型中的几何尺寸和实际地物中的尺寸对比分析其误差。图 3-27 为副坝在 3D view 查看器中的测量结果，图 3-28 为现场白灰标记线段的实际测量图。

图 3-27 副坝模型尺寸测量结果

图 3-28 现场白灰标记测量图

本次研究分别在尾矿库库区和坝坡位置中选取副坝、坝顶尾矿排放管、电线杆、临时厂房外围尺寸规格、路面水泥块的尺寸以及现场通过白灰标记等10组具有特征的线段进行精度评价与分析，线段的实际尺寸通过钢尺进行现场人工测量，模型中线段的尺寸在3D view查看器中进行测量，表3-5为各个特征地物的实际尺寸和模型测量结果。

表3-5　特征线段长度误差统计　　　　　　（m）

线段名称	现场实测	模型量取	差值	中误差
白灰标记 L1	7.00	6.95	0.05	
白灰标记 L2	6.50	6.52	−0.02	
白灰标记 L3	30.00	30.11	−0.11	
尾矿排放管	8.00	7.95	0.05	
尾矿库副坝	225.00	224.96	0.04	0.062
电线杆 L1	9.97	10.05	−0.08	
电线杆 L2	11.97	11.96	0.01	
临时厂房长度	7.31	7.21	0.1	
路面水泥块	6.80	6.76	−0.04	
金属管道	12.24	12.27	−0.03	

由表得出特征线段的最大误差为0.11m，最小误差为0.01m，中误差为0.062m，模型的几何精度控制在厘米级范围内，为后续基于真实地形的尾矿库溃坝模拟研究提供了模型精度保障。本小节主要从空中三角测量精度、模型细部结构和特征线段精度三个方面对摄影测量数据的内业处理成果进行了精度评价，结果表明影像重建结果在空中三角测量、几何精度以及细部结构方面精度良好，均达到了厘米级精度，但在实际现场测量和模型测量时，不可避免地受人为原因和仪器产生的系统误差等因素的影响，可通过多次测量计算平均值作为最终测量值来降低误差。

3.3　基于无人机摄影测量的尾矿坝变形分析

3.3.1　地理信息三维时空对比分析技术

随着GIS技术的发展，地理信息数据的获取及更新已经成为地理信息变化分析的重要手段。地理信息三维时空对比分析技术主要目的是对多期采集的地理信息数据进行对比分析，研究地理空间信息随着时间的推移所发生的变化，从而让人们能够通过对不同时间段所得到的数据，直观地了解和认识地理空间的发展过程。通常，在GIS领域三维时空对比分析主要是通过对多期采集的数据进行三维建模，生成可视化的带有坐标数据的三维模型，然后进行对比分析。近年来，随着无人机摄影测量技术和影像三维重建技术的发展，为地理信息的获取带来了极大的便利；通过使用无人机摄影测量技术对同一地形进行多期数据的采集，然后进行三维重建生成带有坐标信息的点云模型，利用点云对比分析软件得出地理空间信息随着时间发生的变化。本章节将御驾泉尾矿坝无人机摄影测量获取的两期原始影像数据进行三维重建，然后基于三维重建生成的点云模型对坝坡变形量进行分析。

3.3.2 三维点云数据的获取方法

点云数据的获取技术，主要是通过一定的测量手段获取到物体表面每个点的三维坐标，用一系列点的坐标来表征物体的三维形态，从而使物体数字化。近年来，随着计算机技术以及高精度传感器技术的发展，使得点云数据的获取方式变得更为高效快捷，点云数据已经广泛地应用于自动化测控、建筑物变形监测、三维数字城市建设、文物三维重建以及医学等科研领域。点云数据的获取方式按获取设备分为接触和非接触两种方式，三坐标测量机就是典型的接触式点云数据获取设备，接触式设备得到的点云精度高，但获取数据和非接触式相比，点云数据获取慢，且设备价格和维护费用都很高；非接触式点云数据的获取主要是借助各种高精度传感器，利用光学、声学以及电磁学等方式获取被测物体的点云数据，如三维激光扫描技术、卫星遥感技术以及近年来飞速发展起来的无人机摄影测量技术等。其中无人机摄影测量技术由于其获取速度快，覆盖面积大，并且目前市场中大多轻小型无人机价格相对较低，得到了广泛的应用。图 3-29 为点云数据的获取技术分类图。

3.3.3 点云数据处理技术平台

点云数据获取在各个领域的广泛应用，使人们对于点云数据的处理也得到了重视，同时，国内外学者对于点云处理技术也进行了大量的研究。目前，市场上已经有多款点云处理软件，如芬兰 TerraSolid 公司针对激光扫描仪得到的点云数据，研发了 TerraSolid 系列软件；美国 Raindrop 公司开发的 Geomagic Studio 点云数据处理软件。在国内，北京数字绿土科技有限公司也自主研发了点云数据处理软件 LiDAR360，该软件采用了领先的算法和技术，数据处理效果好；此外还有免费开源的 Cloud Compare 软件，该软件支持第三方插件的接入，具有很好的扩展性。本研究针对御驾泉尾矿坝摄影测量三维重建得到的点云数据处理选用美国 Raindrop 公司的 Geomagic Studio 软件，该软件点云加载速度快，处理效果好，并且软件会依据用户点云模型对比结果生成点云分析报告，报告中记录有不同变形量区间的点云数量以及最大偏差、平均偏差和标准偏差等信息，用户可以快速地

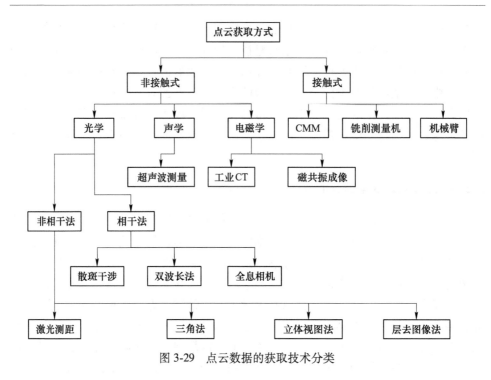

图 3-29　点云数据的获取技术分类

从报告中提取出所需信息，实现变形区域的快速核查。

3.3.4　点云预处理

通常，在获取点云数据时，由于环境因素及物体表面特征的影响，会出现部分不属于目标对象的异常点云，例如，在本次使用无人机进行航拍时，由于御驾泉尾矿坝部分区域上方有电线的存在，导致最终生成的点云模型中存在异常点，也称为噪声点。因此在进行点云对比分析之前，必须去除这些噪声点。此外，在进行多期点云数据对比时，为了进一步提高对比分析的精度，需要对其进行点云配准。本小节主要对目前两种点云噪声点去除过程及算法原理进行分析。

3.3.4.1　离群点噪声去噪

目前，点云去噪根据噪声点和目标点云模型的位置可以分为离群点噪声去噪和点云内噪声去除，其中离群点噪声去除主要是去除距离点云模型较远的噪声点，其本身不属于点云模型，去除算法的主要原理为计算点云模型与离群点噪声的位置，然后依据目标对象的具体特征，设定距离判断阈值，当离群噪声点位置大于设定的判断阈值时去除，反之保留。算法原理如下所示：

（1）计算每个点的 K 邻域平均距离。K 邻域表示离采样点最近的 k 个点的集合，因为点云数据中的点可看作二分查找树中的节点，因此对其遍历后就可以找到两点之间的距离和 K 邻域。假设某个点的坐标值为 (x_0, y_0, z_0)，(x_i, y_i, z_i) 为邻域中的某个点，其中，$i = 1，2，\cdots，k$，假设 u 表示指定点的 K 邻域的平均距离，表达式如式（3-4）所示。

$$u = \frac{\sum\limits_{i=1}^{k} \sqrt{(x_i - x_0)^2 + (y_i - y_0)^2 + (z_i - z_0)^2}}{k} \tag{3-4}$$

（2）将每个点的平均距离相加求平均值，如式（3-5）所示：

$$\bar{u} = \frac{\sum\limits_{i=1}^{n} u_i}{n} \tag{3-5}$$

式中 n——点云中数据的总数；

  u_i——指定点的 K 领域平均距离。

（3）计算每个点的 K 邻域标准差，如式（3-6）所示：

$$\sigma = \sqrt{\frac{1}{n} \sum\limits_{i=1}^{n} (u_i - \bar{u})^2} \tag{3-6}$$

（4）计算完每个点邻域的平均值后，假设所有待测点的邻域平均距离服从高斯分布，然后依据高斯曲线的特点设定阈值 T，阈值 $T \in (\bar{U} - \sigma，\bar{U} + \sigma)$，当邻域平均距离超过阈值时就剔除。

3.3.4.2 点云内噪声去除

点云内顾名思义噪声点位于点云数据中，该类型噪声点通常和点云数据混合在一起，常常使得物体的规则表面出现微小的异常突出等问题，针对该类型的噪声点，通常采取滤波处理，如拉普拉斯滤波算法，其算法表达式如式（3-7）和式（3-8）所示：

$$\nabla^2 = \frac{\partial^2}{\partial x^2} + \frac{\partial^2}{\partial y^2} + \frac{\partial^2}{\partial z^2} \tag{3-7}$$

$$\delta_1 = L(p_i) = p_i - \frac{1}{d_{ij}} \sum\limits_{j \in N(i)} p_j \tag{3-8}$$

式中 p_i——生成的点云模型中某个点，其坐标为 (x_i, y_i, z_i)；

  $N(i)$——p_i 的邻域点。

依据式（3-8）中的计算结果移动 p_i 的顶点，如式（3-9）所示，其去噪方法可以看作是一个不断扩展的过程，图 3-30 为拉普拉斯点云去噪算法示意图。

$$\frac{\partial p_i}{\partial t} = \lambda L(p_i) \tag{3-9}$$

拉普拉斯去噪算法，其本质是通过将高频噪声能量扩展到对应点的邻域，然后不断迭代，最终将采样点移动到邻域重心，进而实现滤波去噪。

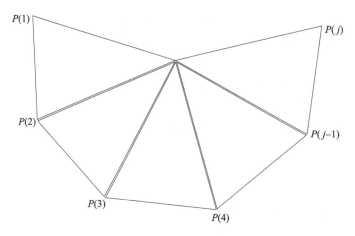

图 3-30　拉普拉斯算法原理

3. 3. 5　尾矿坝变形分析

　　根据前面点云数据处理相关的技术，本小节针对御驾泉尾矿库无人机摄影测量得到的原始影像数据进行三维重建，获得三维点云模型并使用 Geomagic Studio 点云对比软件对其进行变形分析。

　　两期影像数据分别为 2018 年 8 月和 2019 年 6 月采用大疆精灵系列无人机采集所得，然后使用三维重建软件进行三维重建生成点云模型，具体建模过程前面已经详细阐述，这里不再赘述。在进行点云变形分析之前，根据前面点云预处理的理论知识对点云进行预处理，预处理后两期点云模型如图 3-31 和图 3-32 所示，图 3-31 为 2018 年 8 月采集影像数据产生的点云模型，图 3-32 为 2019 年 6 月采集影像数据产生的点云模型。在两期点云模型中可以明显地看出，在第一次数据

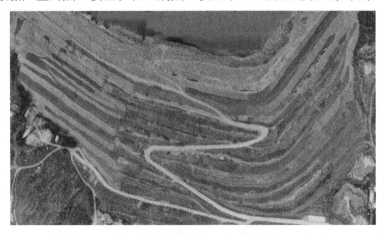

图 3-31　2018 年 8 月点云模型

采集时尾矿坝部分区域进行了覆绿工作，而在第二次采集数据时，由于当地气候连续多天干旱，导致覆绿的植被大多已经干枯，难免会产生误差，本次研究为了尽可能降低覆绿对尾矿坝变形分析的影响，选取坝体中间包含道路和部分区域未覆绿的部分分析其变形量。

图 3-32　2019 年 6 月点云模型

　　将两期摄影测量生成的点云模型导入到 Geomagic Studio 软件中，首先使用软件中的裁剪功能对其分别进行裁剪，使得两期点云模型对比范围一致，图 3-33 为两期点云模型裁剪后进行对比分析的范围。

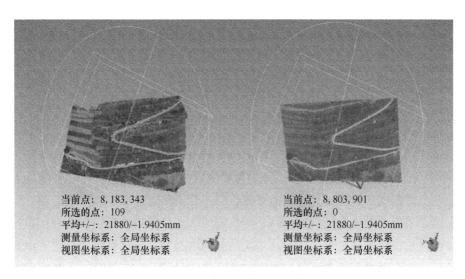

图 3-33　两期点云模型对比范围

　　两期点云模型对比范围确定后，依据 Geomagic Studio 软件中提供的对齐功能，将第一期重建点云模型设置为参考模型，第二期点云模型设置为测试模型，然后建立特征点，使得两期模型对齐，对齐后不同位置的变形量通过色谱图来渲染，并且软件会自动计算出对比后的 3D 偏差、最大和最小偏差以及平均偏差和标准偏差，图 3-34 为两期点云模型对比色谱图，从图中左下角可以看出两期尾矿坝模型对比区域中的最大正偏差为 15.23cm，最大负偏差为−15.42cm，平均正偏差为+3.26cm，平均负偏差为−3.22cm，标准偏差为 3.73cm。

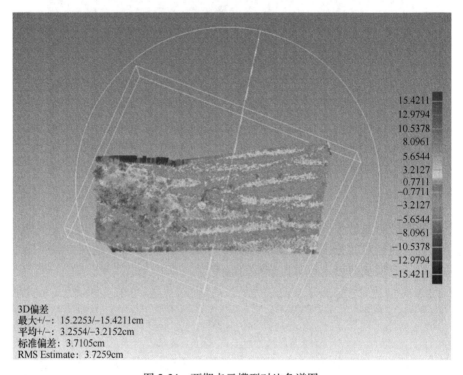

图 3-34　两期点云模型对比色谱图

　　在 Geomagic Studio 软件中，软件提供了色谱注释功能，通过对待分析的点添加色谱注释，能够在色谱图中直观地分析出每一点的色值分别在 x、y、z 轴方向以及 3D（模型整体）的变形量，并对每个点设置允许偏差值，软件将依据设置的偏差允许范围，自动计算出当前点的状态，若当前点的偏差大于设定值，会显示失败，当偏差在设定的范围内时，则该点的状态显示为通过，因此利用该功能可以快速地识别出异常点的位置。本次试验选取两期点云模型对比色谱图中具有代表性的 9 个点进行注释，点云模型色谱注释图如图 3-35 所示，从图中可以直观地看出所注释的色谱分别在 x、y、z 轴方向以及 3D（模型整体）的变形量，如图中 A1 点处 D_x 的偏差为 -1.974cm、D_y 的偏差为 -0.511cm、D_z 的偏差为 3.33cm，3D 偏差为 3.90cm，可以看出该点在 z 轴方向的偏差大，而在 x 和 y 轴方向的偏差很小，再对比其他点在三个坐标轴方向的偏差也会发现其主要偏差在 D_z，也就是高程方向的偏差较大，而水平方向的偏差很小，结合实际情况中坝坡的台阶上通常有工作人员进行巡检以及覆绿植被等均会造成影响，因此在高程方向偏差较大和实际情况相符。此外从两期点云模型对比色谱图中也可以看出，坝坡左边变形量主要为正值，而坝坡右边区域变形量为负值，且明显呈条带分布，这也和实际情况中一期数据采集时坝坡右边进行了覆绿，而左边未覆绿正好相符合。

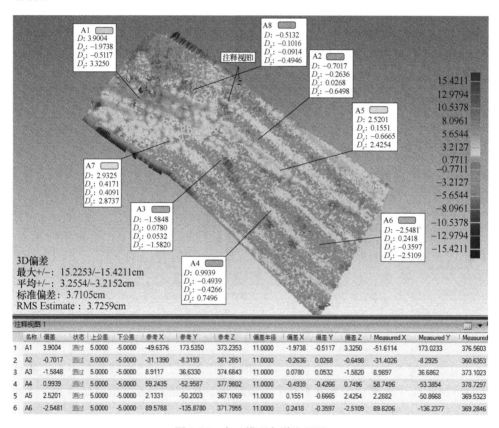

图 3-35 点云模型色谱注释图

点云模型对比完成后，根据对比结果，软件将自动生成点云模型对比分析报告，点云模型分析报告主要为两期点云对比中点云数量在不同变形量区间的分布情况以及最大偏差和平均偏差，表 3-6 为两期点云对比分析报告中的偏差分布表，图 3-36 为点云对比分析中的偏差分布柱状图。

表 3-6　点云模型对比偏差分布表

≥min/cm	<max/cm	点云数量/个	占比/%
−15. 4211	−12. 9794	1234	0. 0988
−12. 9794	−10. 5378	3849	0. 3082
−10. 5378	−8. 0961	8439	0. 6758
−8. 0961	−5. 6544	42958	3. 4399
−5. 6544	−3. 2127	170366	13. 6421
−3. 2127	−0. 7711	318314	25. 4892
−0. 7711	0. 7711	37108	2. 9714
0. 7711	3. 2127	372157	29. 8007
3. 2127	5. 6544	225301	18. 0411
5. 6544	8. 0961	57981	4. 6429
8. 0961	10. 5378	9212	0. 7377
10. 5378	12. 9794	1840	0. 1473
12. 9794	15. 4211	61	0. 0049

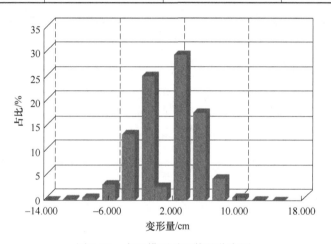

图 3-36　点云模型对比偏差分布图

　　从点云模型对比偏差分布表和分布图中可以看出，本次点云模型中点云的总数为1248821个，其中偏差在±(0.77~3.21cm) 区间的点云数量占比最大，达到55.37%，绝对偏差大于8.1cm的点云数量总共占比为1.97%，可以看出偏差大于8.1cm的点云数量很少，在图3-36两期点云模型对比色谱图找出变形量较大的点，结合原始点云模型进行对比，未发现异常，综上可以得出两期点云模型变形量基本在厘米级范围内，标准偏差为3.73cm，考虑到实际情况中坝坡表面通常有工作人员进行巡检以及坝坡覆绿植被等均会造成影响。该方法实现了对尾矿坝由点到面的全方位监测，为尾矿坝宏观变形监测及异常变形区域的快速核查及安全巡检等提供了依据。

3.4 无人机技术不足与展望

3.4.1 无人机技术的不足

目前，市场上常见的测绘级无人机通常为轻小型无人机，为了达到重量轻和体积小等特点，续航时间通常较短，大多数轻小型测绘无人机的续航时间为 30min 以内。本次研究选择的大疆精灵 Phantom 4 RTK 专业航测无人机，实际有效续航时间不足 25min，主要原因是御驾泉尾矿库地形周边环境复杂，无人机起飞地点受到一定的限制，无人机需多次往返更换电池从其起飞点再次开始，飞行到上次未完成的区域继续航拍，当两次航拍地点相距比较远时，在折返途中将消耗部分电量。本次研究区域面积大约为 2.61km^2，总共飞行了 12 个架次完成航拍任务。

此外，无人机摄影测量作为一种新型的测量方法，虽然有很多的优势，但和使用高精度便携仪器测量的坝面位移监测点数据相比，坝面位移监测点的精度达到毫米级，而摄影测量数据的精度为厘米级，摄影测量的精度不及坝面位移监测点的精度。造成无人机摄影测量精度低的主要原因是无人机在航飞过程中拍照时，难免在拍摄时会存在延迟的情况。

影响无人机航拍质量的主要因素有航线设计、飞行高度、飞行速度、航向和旁向重叠率设置等因素，由于摄影测量的主要原理为影像之间特征点的提取和密集匹配，确保形成单个连续的模型，因此增大航向和旁向重叠率可以提高影像之间的匹配与对齐的准确率，也可以将航线设计为交叉飞行，提高影像之间的重叠率。从前文航摄参数设置计算中可以得知飞行高度和影像的分辨率密切相关，飞行高度越低，地面分辨率越高，从而特征点的提取更为准确。飞行速度主要影响拍照时每张影像定位的 POS 数据，在相机快门同一拍摄延迟时间内，飞行速度越快，每张影像拍摄时移动的距离就越大，定位精度越低。因此在保证作业进度的同时，适当减小飞行速度，从而提高影像的定位精度。

3.4.2 尾矿库无人机技术应用前景

3.4.2.1 库区面积及库容量计算应用

摄影测量三维重建后，将模型加载到 3D Viewer 模块中，通过 3D Viewer 模块中的面积测量和体积测量快捷功能实现对库区面积快速测量及选定区域的尾矿堆存体积计算。

安全监测系统应当立足于矿山企业诉求，以保障尾矿库安全运营、辅助矿山管理决策并提升企业经济效益为主要目标。当前尾矿库监测系统稳定性差、缺乏有效管理维护的现状已经逐渐背离监管部门对于监测系统建设强制性规定的初衷。部分矿山企业有限的安全环保投入已难以为继高昂的监测系统建设与维护费用, 在尾矿库安全管理中形成恶性循环, 为尾矿库尤其是中小型尾矿库安全管理增添负担。UAV 摄影测量的新监测手段随着技术与装备飞速革新, 成本持续降低、性能不断升级、精度逐渐提升, 监测结果不仅实现库区全覆盖安全监测, 还能够实时计算评估尾矿库容量增长情况, 构建安全生产数据库, 为生产规划提供准确有效的参考依据, 势必将会受到矿山企业的青睐。

3.4.2.2 尾矿库安全巡检

尾矿库定期的安全巡检为预防尾矿库发生溃坝事故起着关键性的作用。目前, 大多数矿山企业对于尾矿库的安全检查通常为人工巡检, 但是由于尾矿库通常位于偏远的山地中, 周边地形复杂, 给安全巡检人员带来很大的不便; 另外由于库区面积大, 里面含有大量的尾矿浆, 巡检人员只能在库区边缘目测库内水位、干滩长度及库内其他异常情况, 因此无法准确地获取库内大范围的实时信息。低空无人机摄影测量通过地面人员远程遥控操作无人机, 地面接收站可以实时显示所拍摄的影像, 从而安全人员根据所获取的高分辨率影像, 观察分析库区里面尾矿浆分布区域、观察不同区域的干滩长度以及检查库区的排洪设施和排洪结构的完整性等。同时, 由于无人机所拍摄影像中包含了每张影像的 POS 数据, 通过摄影测量软件进行三维重建, 在重建后的模型中可以对干滩长度、库区水流面积及每个点的高程等信息进行测量, 为尾矿库的安全管理和隐患排查带来了极大的便利, 图 3-37 为三维重建后库区高分辨率影像, 从影像中可以明显看出库区里面不同区域尾矿浆和干滩的分布情况以及库内部分区域出现异常突出等细节。

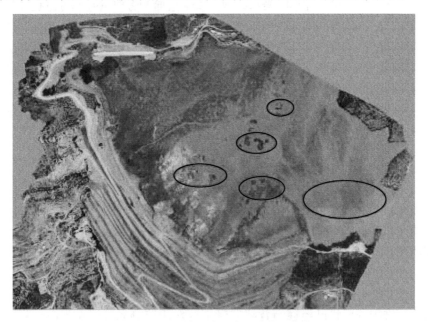

图 3-37 重建后库区高分辨率影像

国外有尾矿库已经开始了无人机摄影测量在巡查监测中的工业应用，如巴西
Samarco 铁矿尾矿库自 2013 年开始采用无人机摄影测量施行月度周期的影像监测
及地形测量。2015 年 11 月 5 日，举世震惊的 Fundão 尾矿坝溃坝事故发生后，为
尽快深入挖掘出事故发生原因，专家组调用了事故发生前无人机摄影测量数据记
录，发现离事故发生最近的 2015 年 7 月 4 日与 7 月 17 日两班次无人机航摄影像
有异常现象。如图 3-38 所示，库区内尾矿泥浆液面可明显观察到鼓出凸起大小
不等的气泡，推断可能为由小型地震引发，下层尾矿间隙被挤压逸出气体而形成
气泡，极有可能是事故发生的前兆。

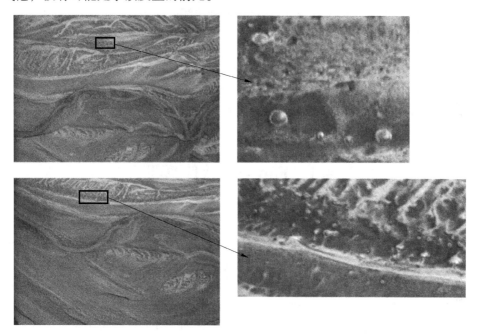

图 3-38　Samarco 尾矿库区泥面凸起异常无人机航摄影像

3.4.2.3　结合数字仿真评估溃坝风险

随着计算机技术的飞速发展，市场中出现了大量的流体力学计算软件，通过
这些软件进行溃坝、泥石流仿真模拟已经成为人们对大规模难以进行物理试验等
问题研究的主要手段。在流体仿真模拟中，研究人员在模拟之前需要根据研究区
域的具体地形情况建立模型，然后基于模型进行仿真模拟，但是研究区域地形复
杂，在建模时，研究人员通常对地形做了很大的简化，无法真实准确地反映研究
区域的地形情况，要想实现基于真实地形的仿真模拟，手工建模几乎不可能实
现。而基于无人机摄影测量三维重建，可以对研究区域进行高分辨率建模，为基
于真实地形的溃坝仿真模拟提供了模型基础。

4 基于 Flow-3D 的尾矿库溃坝演进模拟预测

尾矿库溃坝后造成的灾害程度与溃决下泄砂流的演进范围、流速和演进时间等密切相关，如果能够较为准确地获得下泄砂流演进的相关数据，将为预防尾矿库安全生产事故、指导矿山企业进行安全生产和建立灾害应急管理防护措施提供参考建议。考虑到尾矿库是一个庞大的工程，溃坝后溃决尾砂流具有极大的破坏性，很难对其进行控制，因此采用试验研究的方法几乎不可能实现，通常采用相似物理模型试验和数值模拟试验研究，本书通过查阅文献和前人的研究，选择Flow-3D 软件对御驾泉尾矿库进行仿真模拟，通过对模拟软件计算理论的运用和前人物理试验的验证，验证 Flow-3D 软件在尾矿库溃坝应用中的适用性。

4.1 Flow-3D 软件原理

4.1.1 基本方程

尾矿库发生溃坝后，在溃决水流及尾砂的演进过程中，由于会受到地形坡度起伏不定和地表地物的阻碍影响，因此溃决后挟沙水流的液面常伴有飞溅、水流跳跃和演进速度迅速变化的过程。Flow-3D 软件使用经过优化的 Tru-VOF 技术可以很好地处理实时变化的自由液面，运用 FAVOR 网格处理技术精确的定义形状复杂的几何模型。软件采用多相流的连续性方程和 N-S 方程作为流体运动的控制方程来计算溃决后挟沙水流的演进过程，流体运动控制方程如式（4-1）和式（4-2）所示。

连续性方程：

$$\frac{\partial(\mu A_x)}{\partial x} + \frac{\partial(\nu A_y)}{\partial y} + \frac{\partial(\omega A_z)}{\partial z} = 0 \tag{4-1}$$

N-S 方程（动量方程）：

$$\begin{cases} \dfrac{\partial \mu}{\partial t} + \dfrac{1}{V_f}\left(\mu A_x \dfrac{\partial \mu}{\partial x} + \nu A_y \dfrac{\partial \mu}{\partial y} + \omega A_z \dfrac{\partial \mu}{\partial z}\right) = -\dfrac{1}{\rho}\dfrac{\partial p}{\partial x} + G_x + f_x \\[2mm] \dfrac{\partial \nu}{\partial t} + \dfrac{1}{V_f}\left(\mu A_x \dfrac{\partial \nu}{\partial x} + \nu A_y \dfrac{\partial \nu}{\partial y} + \omega A_z \dfrac{\partial \nu}{\partial z}\right) = -\dfrac{1}{\rho}\dfrac{\partial p}{\partial x} + G_y + f_y \\[2mm] \dfrac{\partial \omega}{\partial t} + \dfrac{1}{V_f}\left(\mu A_x \dfrac{\partial \omega}{\partial x} + \nu A_y \dfrac{\partial \omega}{\partial y} + \omega A_z \dfrac{\partial \omega}{\partial z}\right) = -\dfrac{1}{\rho}\dfrac{\partial p}{\partial x} + G_z + f_z \end{cases} \tag{4-2}$$

式中　　　ρ ——流体密度；

　　　　　p——作用在流体微元的压力；

A_x，A_y，A_z —— x，y，z 三个方向的可流动面积分数；

　μ，ν，ω —— x，y，z 方向的速度分量；

G_x，G_y，G_z ——重力加速度在三个坐标轴方向上的分量；

f_x，f_y，f_z —— x，y，z 轴方向上的黏滞力加速度。

对于一个可变的动态黏度 μ，其黏滞力加速度如式（4-3）所示：

$$\begin{cases} f_x = \dfrac{1}{\rho V_f}\left\{\omega sx - \left[\dfrac{\partial}{\partial x}(A_x\tau_{xx}) + \dfrac{\partial}{\partial y}(A_y\tau_{xy}) + \dfrac{\partial}{\partial z}(A_z\tau_{xz})\right]\right\} \\[2mm] f_y = \dfrac{1}{\rho V_f}\left\{\omega sy - \left[\dfrac{\partial}{\partial x}(A_x\tau_{xy}) + \dfrac{\partial}{\partial y}(A_y\tau_{yy}) + \dfrac{\partial}{\partial z}(A_z\tau_{yz})\right]\right\} \\[2mm] f_z = \dfrac{1}{\rho V_f}\left\{\omega sz - \left[\dfrac{\partial}{\partial x}(A_x\tau_{xz}) + \dfrac{\partial}{\partial y}(A_y\tau_{yz}) + \dfrac{\partial}{\partial z}(A_z\tau_{zz})\right]\right\} \end{cases} \quad (4\text{-}3)$$

式中　　ωsx，ωsy，ωsz ——壁面剪切应力；

　　　　　τ_{ij} ——作用在流体微元上的剪应力；

　　　　　i——作用面；

　　　　　j——作用方向。

τ_{ij} 的表达式如式（4-4）所示：

$$\begin{cases} \tau_{xx} = -2\mu\left[\dfrac{\partial\mu}{\partial x} - \dfrac{1}{3}\left(\dfrac{\partial\mu}{\partial x} + \dfrac{\partial\nu}{\partial y} + \dfrac{\partial\omega}{\partial z}\right)\right] \\[2mm] \tau_{yy} = -2\mu\left[\dfrac{\partial\nu}{\partial y} - \dfrac{1}{3}\left(\dfrac{\partial\mu}{\partial x} + \dfrac{\partial\nu}{\partial y} + \dfrac{\partial\omega}{\partial z}\right)\right] \\[2mm] \tau_{zz} = -2\mu\left[\dfrac{\partial\omega}{\partial z} - \dfrac{1}{3}\left(\dfrac{\partial\mu}{\partial x} + \dfrac{\partial\nu}{\partial y} + \dfrac{\partial\omega}{\partial z}\right)\right] \\[2mm] \tau_{xy} = \tau_{yx} = -\mu\left(\dfrac{\partial\nu}{\partial x} + \dfrac{\partial\mu}{\partial y}\right) \\[2mm] \tau_{xz} = \tau_{zx} = -\mu\left(\dfrac{\partial\mu}{\partial z} + \dfrac{\partial\omega}{\partial x}\right) \\[2mm] \tau_{yz} = \tau_{zy} = -\mu\left(\dfrac{\partial\nu}{\partial z} + \dfrac{\partial\omega}{\partial y}\right) \end{cases} \quad (4\text{-}4)$$

数值方法求解时，通过网格的划分将控制方程进行空间上的离散，同时将模拟计算的时间进行离散，使其分为若干个时间分步，然后对离散的方程组进行求解。

4.1.2　物理模型及网格边界条件

　　Flow-3D 软件中提供了多种物理模型供选择。例如有多孔介质模型、重力模型、浅水模型、湍流模型、表面张力模型和泥沙输移模型等，用户可以根据自己需要和实际情况选择其中的一种或多种物理模型，从而使模拟情况更加符合工程实际，提高模拟计算的准确度。本书结合工程实际情况选用重力模型、湍流模型和泥沙冲刷模型来模拟尾矿库溃坝后溃坝水流及尾砂的演进过程。在紊流模型中有普朗特混合长度模型、重整化群（RNG k-ε）模型、大涡模拟（LES）模型、一方程模型、两方程 k-ε 模型供用户选择。其中重整化群模型的核心思路是通过应用统计学的方法导出紊流量方程，该模型适用于低强度紊流和具有强烈剪切区域的流体运动。尾矿库溃坝后挟沙水流的演进过程是一个复杂的过程，局部水流伴随着激烈的变形和紊流现象，因此采用重整化群（RNG k-ε）模型来描述溃坝后挟沙水流的湍流运动更为精确，其控制方程如式（4-5）所示。

$$\begin{cases} \dfrac{\partial(\rho k)}{\partial t} + \dfrac{\partial(\rho k u_i)}{\partial \chi_i} = \dfrac{\partial}{\partial \chi_j}\left(\alpha_k \mu_{\text{eff}}\dfrac{\partial k}{\partial \chi_j}\right) + G_k + \rho\varepsilon \\ \dfrac{\partial(\rho\varepsilon)}{\partial t} + \dfrac{\partial(\rho\varepsilon u_i)}{\partial \chi_i} = \dfrac{\partial}{\partial \chi_j}\left(\alpha_\varepsilon \mu_{\text{eff}}\dfrac{\partial\varepsilon}{\partial\chi_j}\right) + \dfrac{C_{1\varepsilon}^{*}\varepsilon}{k}G_k - C_{2\varepsilon}\rho\dfrac{\varepsilon^2}{k} \end{cases} \tag{4-5}$$

式中，$\mu_{\text{eff}} = \mu + \mu_t$；$\mu_t = \rho C_\mu \dfrac{k^2}{\varepsilon}$；$C_\mu = 0.0845$ 为常数；$\alpha_k = \alpha_\varepsilon = 1.39$ 分别为湍动能 k 的产生项和耗散率 ε 对应的 Prandtl 数；$C_{1\varepsilon}^{*} = C_{1\varepsilon} - \dfrac{\eta(1 - \eta/\eta_0)}{1 + \beta\eta^3}$；$\eta_0 = 4.377$；$\beta = 0.012$；$C_{1\varepsilon} = 1.42$；$C_{2\varepsilon} = 1.68$ 为经验常数。

　　另外考虑到尾矿库溃决尾砂在水流冲刷作用下的运动过程，选择 Flow-3D 中泥沙冲刷模型来计算溃坝后尾砂的冲刷问题，Flow-3D 中泥沙冲刷模型可以根据泥沙不同的属性进行模拟分析。例如，不同的粒径、密度和水下休止角等。该模型的计算过程主要为四项：（1）悬浮泥沙在水流中扩散、输移的计算；（2）颗粒在重力作用下沉降的计算；（3）在剪切力作用下和流体扰动情况下沉积物颗粒沿沉积层滚动；（4）跳跃或滑动的计算。在 Flow-3D 中考虑尾砂可能存在两种状态：悬浮和沉积。悬浮的尾砂由悬移质方程控制。沉积的尾砂沉积于河床的底部，成为河床的一部分，对于河床表层的尾砂，在水流的作用下，以推移的方式沿着河床表面运动，当溃决水流提供的上举力足够大时，表层尾砂浆被拖拽而起，由原来的推移运动或沉积状态改变为悬浮状态随着溃坝水流一起运动。同时，悬浮的尾砂颗粒受重力作用的影响，当溃决水流对尾砂的上举力小于重力作用的影响时，由悬浮运动转化为沉积的尾砂再次沉积于河床表面。Flow-3D 软件通过获取悬沙浓度和底沙浓度来计算泥沙体积分数，总泥沙体积分数为网格中悬沙的体积分数与底沙的体积分数之和。表达式如式（4-6）所示：

$$c_i = \frac{C_{s,i} + C_{b,i}}{\rho_i} = c_{s,i} + c_{b,i} = 1 - \alpha_f \tag{4-6}$$

悬沙体积分数为 $c_{s,i} = C_{s,i}/\rho_i$，底沙的体积分数为 $c_{b,i} = C_{b,i}/\rho_i$，总泥沙体积分数 C_i 不能大于临界底沙体积分数 $c_{cr,i}$。

溃坝水流中泥沙的浓度主要受悬沙和底沙的影响，其中悬浮在水中的泥沙将会引起水流黏度的改变，而沉积在河床的底沙将会对水流的沿程阻力产生一定的影响，并且会引起含沙水流的密度，在 Flow-3D 软件中，对于一个网格整体，含沙水流的密度由泥沙密度和水流密度的加权平均后得到，表达式如（4-7）所示：

$$\rho = \alpha_f \rho_f + \frac{1 - \alpha_f}{\rho_i} \tag{4-7}$$

式中　　ρ_i——泥沙密度；

ρ_f——流体密度；

α_f——网格中流体体积分数。

当网格中含有底沙时，阻力系数如式（4-8）所示：

$$K = \frac{c_{cr,i} - c_{co}}{c_{cr,i} - c_{b,i}} \left(\frac{c_{cr,i} - c_{co}}{c_{cr,i} - c_{b,i}} - 1 \right)^2 \tag{4-8}$$

当网格中底沙体积分数小于临界值 c_{cr}，影响流场变化的因素只有黏度增量，其表达式如式（4-9）所示：

$$\mu_s = \mu_f \left[1 - \frac{\min(c_i, c_{co})}{c_{cr}} \right]^{-1.55} \tag{4-9}$$

当网格中底沙体积分数超过临界值 c_{cr}，总黏度为流体黏度和紊流黏度之和，含泥沙的网格中总黏度如式（4-10）所示：

$$\mu = \mu_s + \mu_t \tag{4-10}$$

沉积在河床表面的泥沙由于受到水流剪切力的影响，会有少量沉积颗粒由于流体速度大于其携带速度而变为悬浮状或随水流推移，但单个颗粒在流体中的运动难以准确计算，因此 Flow-3D 采用 Mast bergen 和 Van den Berg 的模型来计算尾砂运动，用 Soulsby-Whitehouse 方程来计算临界希尔兹系数，计算这个系数前首先要计算无量纲泥沙粒径，如式（4-11）所示。

$$d_{*,j} = d_i \left[\frac{\rho_f (\rho_i - \rho_f) \parallel g \parallel}{\mu_f^2} \right]^{\frac{1}{3}} \tag{4-11}$$

式中　　ρ_i——颗粒密度；

ρ_f——流体密度；

d_i——颗粒直径；

μ_f——流体动力黏度；

$\parallel g \parallel$——重力加速度 g 的量纲。

临界希尔兹系数如式（4-12）所示。

$$\theta_{\text{cr},i} = \frac{0.3}{1 + 1.2d_{*,i}} + 0.055[1 - \exp(-0.02d_{*,j})] \tag{4-12}$$

考虑到河床坡面和休止角的情况，由于处于河床表面的沉积泥沙不稳定，容易被流体沿斜坡向下带走，因此对临界希尔兹系数做出以下调整，如式（4-13）所示。

$$\theta'_{\text{cr},i} = \theta_{\text{cr},i} \frac{\cos\varphi\sin\beta + \sqrt{\cos^2\beta + \tan^2\varphi_i - \sin^2\varphi\sin^2\beta}}{\tan\varphi_i} \tag{4-13}$$

式中 β——河床坡脚；

φ_i——定义的泥沙休止角；

φ——流体与上坡之间的夹角。

考虑河床剪切应力 τ 的临界希尔兹系数，如式（4-14）所示。

$$\theta_i = \frac{\tau}{\|g\| d_i(\rho_i - \rho_f)} \tag{4-14}$$

模型中尾砂的携带速度计算公式如式（4-15）所示：

$$u_{\text{lift},t} = \alpha_i n_s d_*^{0.3}(\theta_i - \theta'_{\text{cr},i})^{1.5} \sqrt{\frac{\|g\| d_i(\rho_i - \rho_f)}{\rho_f}} \tag{4-15}$$

式中 α_i——携带系数；

n_s——淤积河床表面的外法向向量；

$u_{\text{lift},i}$——沉积的泥沙被挟带上升的速度。

当希尔兹系数 θ_i 大于临界希尔兹系数 $\theta'_{\text{cr},i}$ 时，泥沙被挟带上升，当希尔兹系数 θ_i 小于临界希尔兹系数 $\theta'_{\text{cr},i}$ 时，泥沙静止于河床表面，沉降速度方程如式（4-16）所示。

$$u_{\text{settlings},i} = \frac{\nu_f}{d_i}[(10.36^2 + 1.049d_*^3)^{0.5} - 10.36] \tag{4-16}$$

式中 ν_f——流体的运动黏度；

d_i——颗粒直径；

d_*——无量纲泥沙粒径。

推移质运动指泥沙颗粒在水流的作用下沿着河床表面运动过程，其运动方式有移动、跳跃、滚动以及以薄层移动等。在 Flow-3D 软件中，采用沿河床方向运动的薄层来模拟实际情况中的推移质运动，其输沙方式是由 Meyer 、Peter 和 Muller 的床面单宽体积公式计算，方程如式（4-17）所示。

$$\phi_i = \beta_{\text{MPM},i}(\theta_i - \theta'_{\text{cr},i})^{1.5}c_{\text{b},i} \tag{4-17}$$

式中 $\beta_{\text{MPM},i}$——推移质系数，建议取值为 8~13；

$c_{\text{b},i}$——某处泥沙的体积分数。

当某处网格中希尔兹系数 θ_i 大于临界希尔兹系数 $\theta'_{cr,i}$ 时，泥沙将作推移质运动，当希尔兹系数 θ_i 小于临界希尔兹系数 $\theta'_{cr,i}$ 时，泥沙没有达到启动的条件，静止于河床表面。悬移质运动指泥沙在水流携带作用下的对流运动，不需要建立单独方程对其进行计算。

Flow-3D 软件提供了多种边界条件供用户选择：刚性墙边界（wall）也称为壁面边界，其主要特点为边界处的法向速度为 0 和边界接触位置无滑移，即垂直于流体边界面的速度为 0，用于控制流域范围，使其在约束边界内进行流动，在流体和边界面的接触位置不会发生滑移运动。对称边界（symmetry）是系统在建立网格后的默认边界，其特点和壁面边界相似，法向速度为 0 阻止水流流过边界，且在对称边界处的变量梯度为 0，在流体流动时，其他参数不会受到边界的影响。出流边界（outflow）主要目的是让流体在出流位置处自由流出，消除流体穿过边界时受到的影响。压力边界（specified pressure）用于给边界处，根据工程实际情况，给定一个初始压力，如在自由水流表面处通常为一个标准的大气压。此外还有用于给入口位置设置流量的流量边界和波浪边界等。

4.2 VOF 法和 Favor 技术

4.2.1 自由表面处理技术 VOF 法

VOF 法（volume of fluid）是一种自由表面处理技术，可准确地获取自由液面的位置。目前，自由表面处理技术主要分为两种，一种是无网格的拉格朗日法，如 SPH 法和 MPS 法等，其对于流动问题的解决方案是：将连续的流域用离散的包含能量、质量和动量的拉格朗日粒子表示，使用核函数的积分处理粒子间的相互作用，最后通过计算粒子间的受力并追踪粒子的位移模拟流域的流动问题。另一种是欧拉法，如应用较广泛的 Level Set 法和 VOF 法，当流域界面存在较大变形，网格受限时，采用欧拉法可以很好地捕捉复杂多变的液面。其中 VOF 法是 Hirt 在 1981 年提出的一种自由液面追踪方法，在 Flow-3D 软件中对该方法进行了改进和优化，改进和优化后称之为 Tru-VOF 法，该方法在处理两相流中气体和液体交界面时，通过定义体积分数 F 来体现当前网格中液体所占的百分比，当 $F = 0$ 时，说明网格中全是空气，表示为气体网格；当 $F < 1$ 时，说明同一个网格单元中包含气体和液体；当 $F = 1$ 时，说明网格中全是液体，表示为液体网格。图 4-1 为 VOF 法示意图。

在传统的 VOF 方法求解时，不会对网格中气体和液体两相流进行区分，而是直接将整个区域的网格一起计算，经 Flow-3D 优化后的 Tru-VOF 方法在求解时只考虑包含液体的网格，从而提高了计算效率，对自由液面的描述和捕捉更精确。

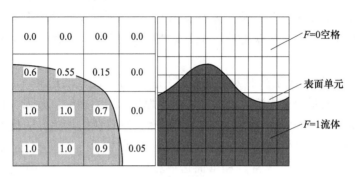

图 4-1   VOF 法示意图

4.2.2   Favor 技术

Flow-4D 中通过使用 Favor 网格处理技术，使得固体边界不会贴着网格的边界，可以描述复杂的几何模型。本书中研究对象华东地区某尾矿库下游地形条件复杂，库区与下游地形低洼处存在约 100m 高差，并且坝坡台阶多，使用 Flow-3D 中 Favor 技术可以精确描述复杂的地形条件，保证模型在划分网格后不会失真。相比于传统的有限差分技术（FDM），Favor 技术可以通过更少的网格对复杂几何表面进行相同精度的描述，从而在一定程度上减小了计算量。图 4-2 为传统的 FDM 技术和 Favor 技术对几何体表面处理方式示意图。

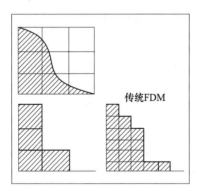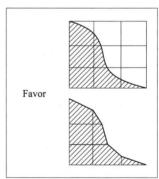

图 4-2   传统 FDM 处理技术和 Favor 技术对比示意图

从图中可以看出，同样的几何形状描述中，要想采用传统的 FDM 方法准确地描述模型的几何形状，必须不断地增加网格数量和减小网格尺寸，才能达到较高的要求，而在 Favor 技术中只需要三层网格就可以达到较高的精度要求。

4.3 泥沙冲刷模型验证

4.3.1 溃坝泥沙侵蚀试验

试验模型选用 Fraccarollo 等在室内进行的瞬间溃坝泥沙侵蚀试验，试验模型借助水槽来进行，水槽长为 2.5m，宽度为 0.1m，侧壁高度为 0.35m。在进行试验前，首先在水槽底部铺设一层厚度为 0.06m 的颗粒材料，代表初始泥沙厚度，初始水流设置为泥沙高度以上 0.1m，长度为 1m，为了模拟大坝溃坝时的真实情况，在槽内设置一竖直挡板作为大坝放水的闸门，闸门底部和泥沙充分接触，然后使用弹簧系统迅速提起，模拟瞬间提起闸门挡板时，下泄水流对泥沙的冲刷情况，最后使用 CCD 摄像机拍摄不同时间点下泄水流和泥沙的冲刷情况。图 4-3 为试验模型尺寸。

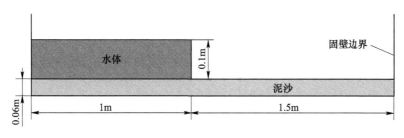

图 4-3 试验模型尺寸

4.3.2 模型建立与参数设置

模型在 Flow-3D 软件中按照 1∶1 的比例建立，建立的几何模型如图 4-4 所示，建立模型后采用边长为 0.005m 的正方体进行网格划分，在划分网格时为了满足自由液面的变化，网格高出水面 0.04m，总共为 40 万个网格，如图 4-5 所示。网格划分后，将模型底面和周围的壁面设置为固壁边界，流域上方设为压力边界，给定一个标准大气压。

图 4-4 几何模型

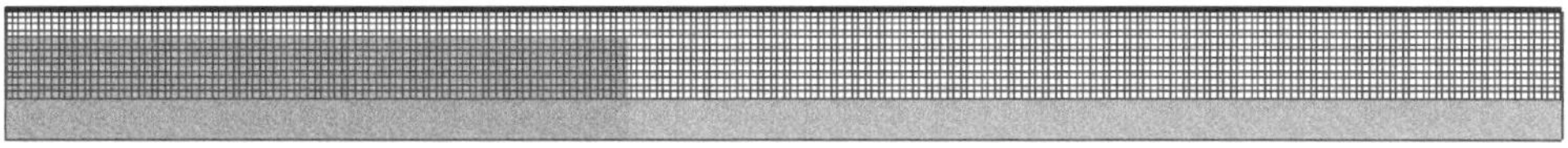

图 4-5 网格划分

泥沙的参数按照原文物理实验中提供的数据进行设定，其中密度为 1540kg/ m³，粒径为 3.5mm，水下休止角设置为 30°，重力模型中加速度取值为 -9.81m/s²。

4.3.3 计算结果对比分析

在 Fraccarollo 的物理实验中，弹簧系统迅速提起闸门挡板后，使用 CCD 摄像机分别在 $t=0$s、$t=0.25$s、$t=0.5$s、$t=0.75$s、$t=1$s 时拍摄下泄水流和泥沙的冲刷情况，如图 4-6 所示。

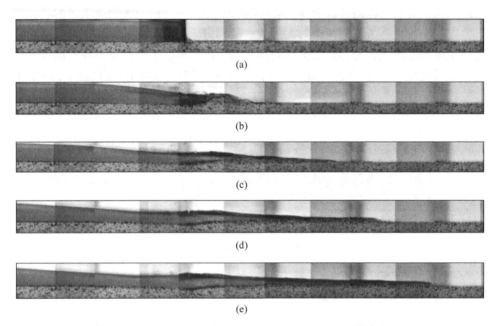

图 4-6 物理模型中不同时间点处水流运动和泥沙冲刷结果

(a) $t=0$s；(b) $t=0.25$s；(c) $t=0.5$s；(d) $t=0.75$s；(e) $t=1$s

在图 4-6 物理模型试验结果中可以看出，当闸门被快速提起时，水位较高，水流快速下泄，闸门位置处的泥沙被快速下泄的水流冲刷启动后，泥沙面下凹，形成冲刷坑。随后水位降低，挟沙水流向前不断的演进，在下游位置可以看出有部分泥沙淤积。图 4-7 是采用 Flow-3D 软件进行数值模拟的结果，从图中可以看出，开始时，水流速度快，在水流起始位置形成冲刷坑，和物理试验中所观察到的现象相吻合，随后水流速度逐渐降低，并不断向前演进，同物理试验一样，泥沙在水流的冲刷作用下，逐渐向前方淤积下来。

图 4-8 为 $t=1$s 时，模拟计算中的水位线和泥沙线与物理模型试验中的水位线和泥沙线的对比图，从图中可以看出，模拟计算中的结果和物理模型试验中的结果整体上相吻合，但是在下游闸门处至 0.3m 的位置可以看出物理模型试验水

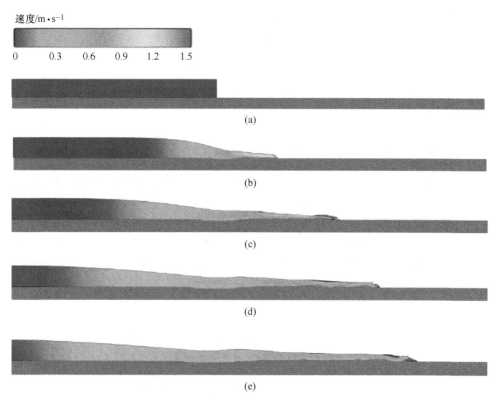

图 4-7　数值模拟中不同时间点处水流运动和泥沙冲刷结果
（a）$t=0\text{s}$；（b）$t=0.25\text{s}$；（c）$t=0.5\text{s}$；（d）$t=0.75\text{s}$；（e）$t=1\text{s}$

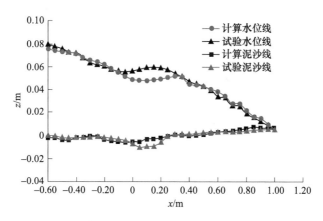

图 4-8　水位高程和泥沙高程试验值和计算值对比图

位高于计算水位，而泥沙的高程低于数值模拟中泥沙的高程。考虑到在实际物理
模型试验中快速提起闸门的瞬间，水流和空气界面之间可能存在卷气现象，且物

理模型试验中的影响因素复杂，均可能产生一定的影响。结合以上分析可知，除了闸门位置处计算结果略有差异，水流和泥沙的模拟计算中结果和物理模型试验结果整体上相吻合，该模型适用于水流冲刷下的泥沙运动分析。

4.4　基于 Flow-3D 与无人机遥感数据的尾矿库溃坝演进模拟

4.4.1　数值模型建立与网格划分

结合前文无人机摄影测量重建高分辨率地形，采用 Flow-3D 软件对御驾泉尾矿库进行溃坝模拟，分析溃决砂流演进规律。首先通过无人机遥感得到原始影像数据，然后采用摄影测量三维重建软件，生成高分辨率尾矿库及下游地形的三维实体模型，最后使用三维软件进行一系列的格式转换，转化为 Flow-3D 软件支持导入的 STL 格式文件。根据尾矿库重建结果，本次数值模拟模型约为 1380m×1900m 的范围，图 4-9 为本次模拟的数值模型范围图。

图 4-9　数值模型范围图

模型建立后，进行网格划分，Flow-3D 软件提供了多种网格划分和处理的方法，例如，在实际问题处理时通过网格局部加密技术可以对模型局部区域进行加密，从而达到更好的效果，也可以将多个网格嵌套使用，具体划分方法需要依据模型的几何特征对其进行特定处理。本次数值模拟进行网格分时，按照库区、坝坡和下游等三个区域分别划分网格，网格大小采用 3m×3m×1.5m 的网格块，三个区域网格总数约为 640 万，划分后的网格如图 4-10 所示。

图 4-10　模型网格划分图

　　网格划分结束后，使用 Flow-3D 软件中提供的 FAVOR 技术可以查看划分的效果，图 4-11 为模型划分网格后的 FAVOR 效果图，在图中可以看出尾矿库坝坡及下游区域地形网格划分后依然清晰可见，模型没有失真，为溃坝事故发生后下泄水流及尾砂的演进过程提供了更为精确的地形条件。

4.4.2　模型参数与初始条件设置

　　（1）溃口宽度的计算。尾矿坝溃坝事故中，由于强暴雨导致洪水漫顶或设计不足等原因造成的溃坝事故灾害占比很高，通常发生溃坝时水流的冲击力很强，从溃口的出现到溃决的时间很短。本次研究对象御驾泉尾矿库所在位置三面环山，且坝坡陡峭，因此考虑到极端条件下，尾矿坝因地震或强暴雨天气导致坝体局部出现瞬间溃决，研究溃坝后溃决水流及尾砂的下泄过程、泥沙所能到达的最大范围和对下游居民点、道路所造成的灾害影响。通过查阅大量的文献资料，溃口平均宽度采用许远瑶、袁兵等学者参考多个水库溃坝资料得出的溃口宽度经验计算公式求得。公式如式（4-18）所示：

$$b = k(W^{1/2}B^{1/2}H)^{1/2} \tag{4-18}$$

式中　b——溃决口的平均宽度，m；

W——溃坝时洪水总量，$10^4 \mathrm{m}^3$；

B——坝顶长度，m；

H——溃坝时的水头，m；

k——土质坝体有关系数，黏土 k 值取 0.65，壤土 k 值取 1.3。

图 4-11 数值模型 FAVOR 效果图

根据前面章节中御驾泉尾矿库库容及面积变化曲线分析可以得知，目前坝高 352m 时，库区面积约为 $82 \times 10^4 \mathrm{m}^2$，库内平均尾砂高程为 346m，本次模拟假设在库内水位与坝齐平时局部发生瞬间溃坝，因此洪水总量按照库区面积和库区平均水位高程计算得出，坝长为 1049m，水头为 96m，得出溃口平均宽度约为 170m。

（2）尾砂参数的确定。尾砂的水下休止角 φ 采用张红武提出的试验公式计算，试验中针对不同粒径的尾砂采用不同的公式进行计算，由于本书中尾砂平均粒径为 0.064mm，因此选用粒径在 0.061~9mm 之间时的计算公式，公式如式（4-19）所示，得出水下休止角为 31.8°。临界希尔兹系数为由 Soulsby-Whitehouse 方程求解得到，推移质系数为 8，携带系数 0.018，采用系统推荐的经验值。尾砂的平均粒径通过尾砂的颗粒级配分析得出，平均粒径为 0.064mm，密度为 2050kg/m^3。

$$\varphi = 35.5 D^{0.04} \tag{4-19}$$

（3）边界条件设置。在设置网格边界时，网格 1 即库区位置上方为压力边界（P），并将初始压力设为一个标准大气压；在网格 3 即下游区域出口位置处设置为出口边界（O），让流体在出流位置处自由流出，消除流体穿过边界时受到的影响；其余边界条件设置为刚性墙边界（W），也称为壁面边界。

4.4.3　水流演进过程及淹没范围分析

图 4-12 为不同时间点挟沙水流演进范围及流速分布图，从图中可以看出，在 $t=50\mathrm{s}$ 时，溃决水流到达下游初始位置，由于尾矿坝坝顶和坝址处存在约 96m 的高差，溃决水流在重力势能的作用下以高达 24m/s 的速度向下游区域高速演进，随后由于下游地势比较平坦及受到地形表面粗糙度的影响，溃决水流波前速度呈现出逐渐减小的趋势。在 $t=100\mathrm{s}$ 时，挟沙水流已经抵达到下游约 300m 的位置，同时，随着时间的推移，库区水位逐渐降低，挟沙水流速度进一步减小，并且不断地向两边扩散，形成扇形演进区域。在 $t=400\mathrm{s}$ 时，图中可以看出，水流继续向两边扩散，且部分水流已经演进到下游边界处。在 $t=600\mathrm{s}$ 时，水流已完全演进到下游出口位置，两边的淹没宽度达到 700m。随着库内水位的进一步降低和地形的影响，此时水流的波前峰值下降到不足 4m/s，并逐渐趋于稳定。结合前面章节无人机摄影测量重建高分辨率地形可以看出，在下游 300m 和 500m 位置处分布着零散厂房和道路，将受到严重的影响。下游距离坝址约 1km 处有 G2 高速公路穿过，本次研究为了保证无人机安全飞行，在进行航拍时，拍摄了高速公路之前的区域，结合模拟结果可以看出在下游边界处水流以不足 4m/s 的速度缓慢演进，若及时采取有效防护措施可以避免溃决水流对 G2 高速公路的影响。

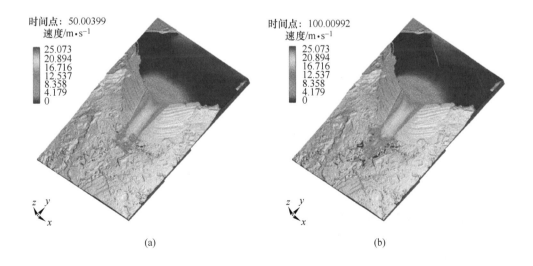

(a)　　　　　　　　　　　　　　　(b)

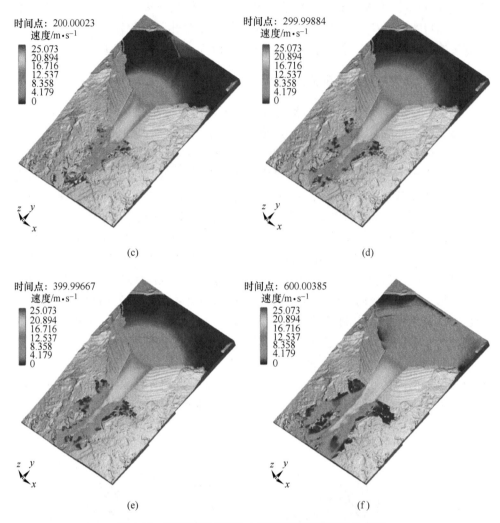

图 4-12　不同时间点溃决水流演进范围及流速分布图
（a）$t=50\text{s}$；（b）$t=100\text{s}$；（c）$t=200\text{s}$；（d）$t=300\text{s}$；（e）$t=400\text{s}$；（f）$t=600\text{s}$

　　为了进一步分析尾矿库发生溃坝事故后挟沙水流和尾砂在下游不同位置处的流速、高程、到达时间以及演进规律，结合前面章节无人机摄影测量三维重建高分分辨率地形，在坝址位置及有临时厂房分布的位置分别布设了四个监测点，图 4-13 为四个监测点位置图。

　　图 4-14 为四个监测点位置处不同时间点挟沙水流速度变化图，图中可以看出，当 $t=50\text{s}$ 时，水流到达监测点 1 的位置，并且以高达 24m/s 的速度向下游区域演进，随后，随着库内水位降低，四个监测点处的速度总体均呈现出逐渐下降的趋势。另外从挟沙水流速度变化图中可以看出，速度的变化整体表现为锯齿的

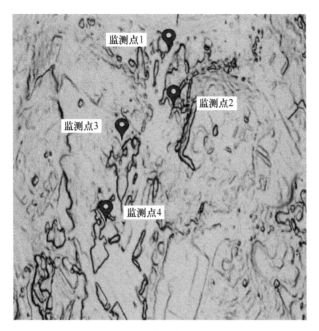

图 4-13 监测点位置图

形状，根据实际情况可以得知，这是由于挟沙水流在流动的过程中受到地形凸凹不平的影响，速度存在波动。

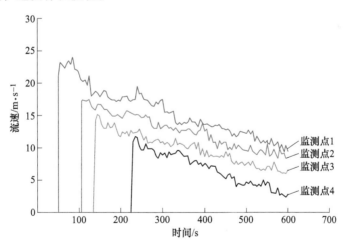

图 4-14 不同时间点溃决水流流速变化图

图 4-15 为四个监测点位置处水位高程随时间的变化，从图中可以看出在坝址位置处水流最大水位高程达到 9.86m，监测点 3 和 4 水位高程也达到 7~8m。结合实际地形分析可知，靠近坝址位置处地形较为平缓，当水流流到坝址位置

处，优先在地势低洼处汇集，并迅速填满地势低洼处。同时考虑到下游 300m 和 500m 位置处分布着零散厂房和道路，部分区域水位达到了 7m 左右，因此将对该区域附近的房屋和道路带来严重的灾害。

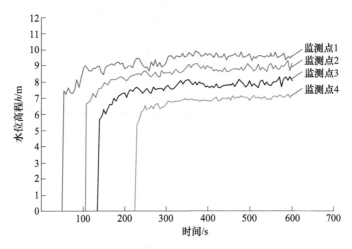

图 4-15　不同时间点溃决水流高程变化图

表 4-1 为四个监测点位置处最大水位高程及达到最大水位高程时经历的时间。

表 4-1　不同监测点位置最大水位高程及到达时间

名称	最大水位高程/m	出现时间/s
监测点 1	9.86	480
监测点 2	9.33	580
监测点 3	8.14	575
监测点 4	7.21	590

从表 4-1 中可以看出，距离坝址较近的位置，水流的最大水位高程较大，并且达到最高水位时用的时间相对较小，结合实际地形分析可知，这是由于靠近坝址位置处地形较为平缓，当水流流到坝址位置处，优先在地势低洼处聚集下来，并迅速填满地势低洼处。而在距离坝址越远的位置，最高水位呈现出降低的趋势，达到最高水位所经历的时间越长，结合实际情况分析可以得知，这是由于溃坝后下泄水流演进的过程中受到地形变缓和地表粗糙度的影响，水流速度不断地减小，从而达到最高水位所经历的时间变长。

4.4.4　尾砂淤积结果分析

图 4-16 为不同时间点的尾砂淤积范围图，结合图 4-14 溃坝水流在不同时间

点的流速分布可以看出，尾矿库发生溃坝事故后，尾砂在水流的携带作用下以扇形向两边和下游扩散。对比图 4-12 中水流演进范围可以看出，尾砂的演进相对水流滞后，在 $t = 400s$ 时，部分水流已经演进到下游边界处，而尾砂淤积范围只达到下游 500m 位置。$t = 600s$ 时，水流已完全演进到下游出口位置，而此时尾砂主要是以扇形方式向两边缓慢扩散，并趋于稳定，淤积范围主要在坝址到下游 550m 范围内，结合水流速度分析可知，这主要由于离坝址较远处水流速度逐渐降低，无法携带尾砂继续向前演进。

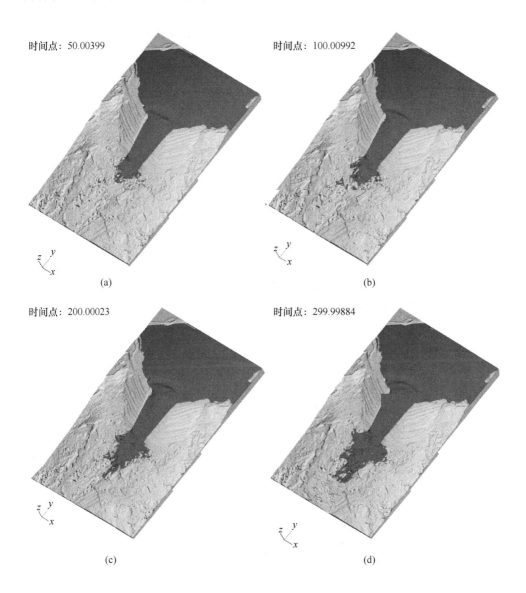

时间点: 50.00399　　　　　　　　时间点: 100.00992

(a)　　　　　　　　　　　　　　　(b)

时间点: 200.00023　　　　　　　　时间点: 299.99884

(c)　　　　　　　　　　　　　　　(d)

时间点：399.99667　　　　　　　　　　时间点：600.00385

　　　　　　　(e)　　　　　　　　　　　　　　　　(f)

图 4-16　不同时间点尾砂淤积范围图

（a）$t=50s$；（b）$t=100s$；（c）$t=200s$；（d）$t=300s$；（e）$t=400s$；（f）$t=600s$

　　图 4-17 为四个监测点位置处不同时间点的尾砂淤积厚度变化图，图中可以看出四个位置处的尾砂淤积厚度逐渐增加，在距坝址较远的位置，尾砂淤积厚度整体较低，其中监测点 1 处尾砂在 480s 时淤积厚度达到 4.9m，离坝址较远的监测点 4 处尾砂淤积厚度最大为 2.44m，这主要是因为尾砂在下游运动时，由于地形变缓，水流速度在远离坝址处逐渐降低，水流对尾砂的携带作用也随之减小，因此大部分尾砂主要淤积在距离坝址较近的位置。

　　根据以上挟沙水流及尾砂的演进结果可知，四个监测点位置处，挟沙水流的水位高程变化和尾砂的淤积厚度变化都是先迅速增加，然后变缓，并逐渐趋于稳定。另外可以从图 4-15 和图 4-17 中得出尾砂淤积厚度的变化相对水位高程的变化较为缓慢，这也和实际情况中尾砂移动速度小于水流速度相吻合。由以上可知在坝址下游 300~500m 位置处水位高程将达到 7~8m，尾砂的淤积厚度为 2~4m，因此应该对该范围处分布的临时厂房采取预防措施。对于出口位置处 G2 高速公路主要是受到挟沙水流的影响，根据溃决后挟沙水流演进范围及流速分布图可以得知，在溃坝发生 10min 后，出口位置处水流速度已经降低到不足 4m/s，若采取有效防护措施可以避免对 G2 高速公路的影响。本次研究结果基于三维重建高分辨率地形模型，溃坝模拟结果中尾砂及水流的淹没范围更准确，对尾矿库溃坝事故的安全预警及应急措施更有针对性。研究结果可为御驾泉尾矿库灾害预警和应急方案的编制提供一定的参考依据，同时结合水流演进和尾砂淤积范围为尾矿库建设拦挡工程提供指导建议。

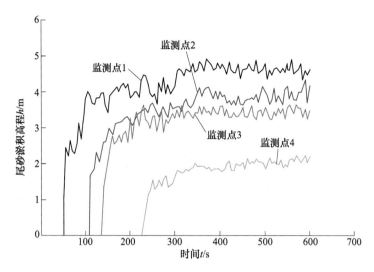

图 4-17 不同时间点尾砂淤积厚度变化图

5 基于 SPH 算法的尾矿库溃坝演进预测模拟

尾矿坝溃坝致灾后果与其下泄物的流动特性及演进规律密切相关，鉴于此，高准确性的溃坝演进机制研究，将为选址设计、安全建设运营、溃坝灾害预警、应急措施制定等安全生命周期管理流程提供直接参考。由于溃坝泥浆破坏性巨大且不易控制，几乎不具备工业试验研究的可能性，仅能依赖计算机数值仿真技术与物理模型相似模拟试验重现。

本章节在 SPH 并行计算代码 DualSPHysics v4.0 的基础上，通过库区设计资料、泄漏尾矿泥浆体积、坝体堆筑方式以及基本形态等参数构建溃坝几何模型，结合卫星遥感数字表面模型（digital surface model，DSM）、无人机摄影测量数据重建研究区域真实尺度地形，在 ArcGIS 地理信息系统中准确圈定出尾矿库区及下游波及区域，标记出坝体、河流、公路、居民区等重要设施在地图上的位置，开展溃坝泥浆向下游的演进过程的大规模计算模拟。分别代入实验室缩尺物理模拟试验与 2015 年巴西 Samarco 铁矿溃坝事故实例中，验证该方法的有效性，应用到尾矿库溃坝泥浆向下游演进的模拟与预测中，为尾矿库防灾减灾及应急管理提供依据。

5.1 溃坝泥浆演进 SPH 模拟方法简介

数值方法的适用性、计算效率、准确率主要取决于计算方法，由于数值计算方法的多样性，各个方法拥有各自的适用性，因此不存在普遍适用的计算方法。然而，传统网格类计算方法在处理诸如溃坝泥浆这类大变形、带有自由面问题时，常因网格缠绕、扭曲或变形引起计算误差。光滑粒子流体动力学（smoothed particle hydrodynamics，SPH）是一种纯拉格朗日无网格粒子方法，最初由 Lucy、Gingold 与 Monaghan 提出用于解决天体物理学问题，其作为一种新兴数值计算方法，被尝试推广应用到航空、汽车、能源、矿业、岩土等领域，用以化解传统网格类数值方法处理大变形问题带来的误差。例如，Huang 等人借助 SPH 分析地震诱发的流动滑坡体向下游的演进问题；McDougall 与 Hungr 利用 SPH 模拟验证了快速滑坡体在三维地形上的运移过程，取得了理想的效果；Vacondio 等人应用 SPH 模拟滑坡体在水库中激发水流的运移规律，为库区防灾减灾提供支持，模拟结果较好地重现了水流最大爬升距离与高度等关键参数。

5.1.1 SPH 方法原理

SPH 方法的基本思想是将流场离散成一系列具有质量、密度、黏度等独立属性的粒子，粒子之间不存在网格关系，而是由支持域内相邻粒子物理属性共同定义。这一过程通常通过函数的光滑近似逼近实现，即宏观变量函数使用积分形式 $F(\boldsymbol{r})$ 表达：

$$F(\boldsymbol{r}) \cong \int_{\Omega} F(\boldsymbol{r}') W(\boldsymbol{r} - \boldsymbol{r}', h) \, \mathrm{d}\boldsymbol{r}' \tag{5-1}$$

式中　　　　h——光滑长度，即相邻两个粒子之间作用距离；

　　　　　　$\boldsymbol{r}$——代表粒子的空间坐标矢量；

　　　　　　Ω——由 h 所定义的求解域；

$W(\boldsymbol{r} - \boldsymbol{r}', h)$——光滑函数，又称为插值核函数。

式 (5-1) 的离散形式如下：

$$F(\boldsymbol{r}) \approx \sum_{b}^{N} F(\boldsymbol{r}_{b}) \frac{m_{b}}{\rho_{b}} W(\boldsymbol{r}_{a} - \boldsymbol{r}_{b}, h) \tag{5-2}$$

式中　N——求解域内相邻粒子数目；

　　　m_{b}——质量；

　　　ρ_{b}——密度。

光滑函数 W 与粒子 a、b 之间距离 $|\boldsymbol{r}_{a} - \boldsymbol{r}_{b}|$ 及光滑长度 h 相关，具有归一化、紧支性和狄拉克函数性质等属性。本书选取 Wendland 提出的五次型光滑函数，其表达式为：

$$W(\boldsymbol{r}_{a} - \boldsymbol{r}_{b}, h) = \alpha_{D}(2q + 1)\left(1 - \frac{q}{2}\right)^{4} \quad 0 \leqslant q \leqslant 2 \tag{5-3}$$

式中　$q = (\boldsymbol{r}_{a} - \boldsymbol{r}_{b})/h$；

　　　α_{D}——归一化常数，在二维问题中取值 $7/(4\pi h^{2})$，三维问题中取值 $21/(16\pi h^{3})$。

(1) 状态方程。采用 Monaghan 提出的弱可压缩状态方程，液体压力与密度之间的关系式如下：

$$P = B\left[\left(\frac{\rho}{\rho_{0}}\right)^{\lambda} - 1\right] \tag{5-4}$$

式中　B——限制密度值的取值范围，当液面高度为 H 时，$B = 200\rho_{0}gH/\gamma$；

　　　λ——常数，取值为 7；

　　　ρ_{0}——相对密度，取值为 $1000\mathrm{kg/m}^{3}$。

(2) 控制方程。拉格朗日坐标系下动量方程形式为：

$$\frac{\mathrm{d}\boldsymbol{v}}{\mathrm{d}t} = -\frac{1}{\rho}\nabla P + g + \boldsymbol{\Psi} \tag{5-5}$$

式中　P——压强；

　　　g——重力加速度，取值为 $(0, 0, -9.81)\mathrm{m/s^2}$；

　　　$\boldsymbol{\Psi}$——黏性耗散项。

在多数尾矿库溃坝案例中，泥浆浓度常低于 50%，被描述为水力学特性类似于洪水、泥石流的流体。因此，综合考虑计算效率与适用性，在计算低浓度溃坝泥流时采取由 Monaghan 提出的、在水力学领域常用的人工黏度方法。其动量方程的离散形式如下：

$$\frac{\mathrm{d}\boldsymbol{v}_a}{\mathrm{d}t} = -\sum_b m_b\left(\frac{P_b}{\rho_b^2} + \frac{P_a}{\rho_a^2} + \Pi_{ab}\right)\nabla_a W_{ab} + \boldsymbol{g} \tag{5-6}$$

式中　$\boldsymbol{v}_a$——速度矢量；

　　　Π_{ab}——人工黏度项。

$$\Pi_{ab} = \begin{cases} -\dfrac{\alpha\,\overline{c_{ab}}\mu_{ab}}{\overline{\rho_{ab}}} & \boldsymbol{v}_{ab}\cdot\boldsymbol{r}_{ab} < 0 \\[2mm] 0 & \boldsymbol{v}_{ab}\cdot\boldsymbol{r}_{ab} > 0 \end{cases} \tag{5-7}$$

式中　$\boldsymbol{r}_{ab}$——粒子 a、b 之间的距离，$\boldsymbol{r}_{ab} = \boldsymbol{r}_a - \boldsymbol{r}_b$；

　　　$\boldsymbol{v}_{ab}$——粒子 a 与 b 的速度差值，$\boldsymbol{v}_{ab} = \boldsymbol{v}_a - \boldsymbol{v}_b$；

　　　α——引入可调系数，用以控制数值计算中的不稳定性与伪震荡；

$$\mu_{ab} = h\boldsymbol{v}_{ab}\cdot\boldsymbol{r}_{ab}/(\boldsymbol{r}_{ab}^2 + \eta^2)$$
$$\eta^2 = 0.01h^2$$

　　　$\overline{c_{ab}}$——粒子 a、b 间的声速平均值，$\overline{c_{ab}} = (c_a + c_b)/2$；

　　　$\overline{\rho_{ab}}$——密度平均值，$\overline{\rho_{ab}} = (\rho_a + \rho_b)/2$。

在计算高浓度、非牛顿流态溃坝泥流时选取 Herschel-Bulkley-Papanastasiou（HBP）通用模型，黏度可表示为：

$$\mu_{\mathrm{eff}} = K(\gamma)^{n-1} + \frac{\tau_y}{2\gamma}(1 - \mathrm{e}^{-2m\gamma})$$

式中　K, m——恒定系数；

　　　γ——剪切速率；

　　　τ_y——屈服应力。

在弱可压缩 SPH（weakly compressible SPH，WCSPH）计算中，各个粒子质量保持恒定，使用密度值波动表达求解质量守恒。SPH 连续性方程的离散表达式为：

$$\frac{\mathrm{d}\rho_a}{\mathrm{d}t} = \sum_b m_b v_{ab} \cdot \nabla_a W_{ab} \tag{5-8}$$

粒子运动方程采用 XSPH 离散形式：

$$\frac{\mathrm{d}\boldsymbol{r}_a}{\mathrm{d}t} = \boldsymbol{v}_a + \varepsilon \sum_b \frac{m_b}{\overline{\rho_{ab}}} \boldsymbol{v}_{ba} W_{ab} \tag{5-9}$$

式中　$\overline{\rho_{ab}} = (\rho_a + \rho_b)/2$；

ε ——特点参数，取值范围为 $0 \sim 1$。

采用 Molteni 与 Colagrossi 所提出的 Delta-SPH 方程，通过引入一个耗散项来减少流场中粒子密度的波动幅度，从而增加 WCSPH 计算求解的可靠度。该方程可写为以下形式：

$$\frac{\mathrm{d}\rho_a}{\mathrm{d}t} = \sum_b m_b v_{ab} \cdot \nabla_a W_{ab} + 2\delta h \sum_b m_b \overline{c_{ab}} \times \left(\frac{\rho_a}{\rho_b} - 1 \right) \frac{1}{r_{ab}^2 + \eta^2} \cdot \nabla_a W_{ab} \tag{5-10}$$

式子　δ——Delta-SPH 的耗散系数。

5.1.2　SPH 求解实现与代码介绍

本书 SPH 求解的实现是在开源代码 DualSPHysics 的基础上实现的。DualSPHysics 是在 SPH 求解代码 SPHysics 的基础上，由来自西班牙维哥大学、英国曼彻斯特大学等科研机构的研究者共同开发维护的、一款基于 C++ 与英伟达（NVIDIA）统一计算架构（compute unified device architecture，CUDA）语言的 SPH 计算程序。SPHysics 求解代码小 ASCII 格式文本形式输出结果，具有可视性与可移植的优点。但伴随而来的缺点是海量粒子大规模运算时，该格式文本比起二进制代码将消耗至少 6 倍大小的内存，严重降低了计算效率，同时以 ASCII 格式存储数据的读写需要首先将原数据转换，将计算量提高两个数量级，因此精度将大大削减。而 DualSPHysics 求解计算方法为避免上述问题采用二进制文件格式存储数据，这些文件包含粒子属性重要信息，以二进制格式 BINX4（.bi4）存储。

具体的技术路线如图 5-1 所示。

本书在 DualsPHysics 求解器的基础上，根据尾矿库溃坝泥浆的特性，修改代码改变模型参数，实现溃坝泥浆演进的 SPH 模拟。首先根据计算案例自行编写一系列 .xml（EXtensible Markup Language）格式的定义文件与 .vtk（Visualization ToolKit）格式或 .stl（STereoLithography）格式或 .ply（PoLYgon）格式的模型文件输入模拟体系及其运行参数，例如光滑长度、密度、相对黏度、重力加速度、时间步长、压力系数、声速、几何形状、颗粒总数、动边界定义、移动物体属性等。经过 GENCASE 程序分别生成二进制 .bi4 格式输入文件与 .vtk 格式模型文件，包含颗粒初始状态（颗粒总数、位置、黏度、密度等）与边界模型信息；

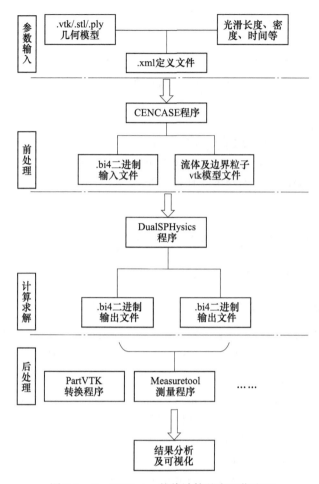

图 5-1　DualSPHysics 数值计算基本工作流程

之后，由 Linux 操作系统中编写的 . sh（Shell script）格式或 Windows 操作系统中的 . bat（Batch script）格式批处理执行文件配置运行参数，通过 DualSPHysics 程序计算求解输出二进制 . bi4 文件；最终，由 PartVTK、Measuretool、ISOSurface 等一系列后处理程序进行输出结果的后处理与可视化。

5.1.3　运算执行环境

尾矿库占地面积大，若发生溃坝波及范围广，加之下游地形复杂，因此数值模拟计算量巨大，生成百万至千万数量级的无网格粒子，常见个人计算机根本无法在合理时间内完成计算求解任务，为大规模 SPH 模拟带来诸多困难。

为解决这个问题，国内外学者在处理类似大规模数值模拟计算问题时，常采用高性能计算集簇（high performance cluster，HPC）来进行处理求解。HPC 聚集整合高性能计算机、高端硬件或多个单元计算资源，用来高效率执行个人计算机或标准工作站无法在合适的时间内完成的大规模繁重计算任务，例如大数据处理、气候气象、数值仿真、图形渲染等。与此同时，近些年有学者采用高性能图形处理器（graphics processing unit，GPU），结合传统方法的中央处理器（central processing unit，CPU）开展并行计算，以增加计算求解效率。GPU 早期用以图形渲染，在 20 世纪末随着技术革新，GPU 被引入到大型计算领域。相比于 CPU，GPU 具备更强的处理能力与更充裕的存储器带宽，因此计算成本与功耗均低于CPU，GPU 通过扩充执行单元来提高计算性能，而非改进缓存及控制单元。CPU不同的运算单元被分配处理不同的计算任务，如逻辑判断、浮点运算、分支等，因而其计算性能因计算任务出现差异。而在 GPU 中不同计算类型由同一运算单元来执行，整型计算能力和浮点计算能力类似。

图 5-2 列出 CPU 与 GPU 理论上计算能力的对比，计量单位为每秒十亿次浮点运算（giga floating-point operations per second，GFLOPS），可见近些年随着计算机科学飞速发展，CPU 与 GPU 的计算能力均呈现倍速增长，并且 GPU 浮点运算能力远远超过 CPU，高度契合大规模 SPH 模拟的求解计算需求。

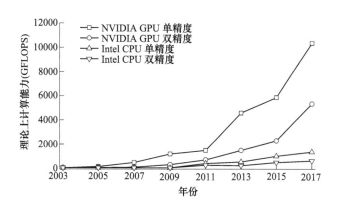

图 5-2　CPU 与 GPU 理论计算能力对比

并行计算是指将一个大型任务划分成若干较小的子任务，并通过一定的算法将子任务合理分配至系统中协同工作的求解处理器，各处理器分别负责各自计算任务并将计算结果汇总，以实现大型任务的高效运算。目前主流的 GPU 并行编程架构包括 CUDA(compute unified device architecture) 与 OpenCL(open computing language)。本书求解代码是基于 CUDA 并行架构实现大规模 SPH 模拟仿真的并行计算，借助合作单位埃克塞特大学的 ISCA 高性能计算集簇 HPC，建立模型再分别在普通个人电脑、CPU 节点、GPU 节点上执行 SPH 求解程序，以对比求解速度。ISCA 是埃克塞特大学全新建设的高性能计算集簇，耗资约 3000 万元，它将传统的 HPC 集群与虚拟集群环境相结合，在单台机器中提供一系列节点类型，包括传统的高性能计算集簇（128GB 容量节点）、两个 3TB 容量的大型节点、Xeon Phi 高速节点以及英伟达（NVIDIA）特斯拉 K80 GPU 计算节点（tesla K80 GPU compute nodes），旨在满足工程、医学、环境等研究学科的高级计算需求。

本文 SPH 计算分别有三种运算执行环境，主要配置参数如下：

（1）ISCA 计算集簇所分配的 CPU 计算节点，搭载 2 个 Intel Xeon E5-2640V3 @ 2.60 GHz CPU 共计 16 个处理核心，内存类型为 DDR4 1600/1866，最大内存带宽为 59GB/s，内存容量为 128GB。

（2）ISCA 计算集簇所分配的 GPU 运算节点，搭载英伟达特斯拉 K80 高性能图形处理器（NVIDIA Tesla K80 GPU），它拥有双 GPU 设计的 4992 个 CUDA 内核，核心频率达到 560MHz，通过 GPU 加速提升双精度浮点性能至每秒 2.91 万亿次浮点运算（tera floating-point operations per second，TFLOPS）处理速度，提升单精度浮点性能至每秒 8.73 万亿次处理速度，采用 24GB 的 GDDR5（第五版图形用双倍数据传输率存储器）显存，存储带宽可高达 480GB/s。

（3）个人 Windows 操作系统台式电脑，采用 CPU 计算，CPU 型号为 Intel i7-4770 @ 3.40GHz，内存为 8G。

5.2　实验室缩尺物理模拟试验验证

5.2.1　秧田箐尾矿库工程背景

为验证 SPH 方法在处理尾矿库溃坝溢出泥浆向下游自由流动的适用性与计算精度，首先选取实验室缩尺沟槽试验与 SPH 数值模拟结果进行比对分析。所选用研究案例工程背景为云南省玉溪矿业铜厂铜矿秧田箐尾矿库。铜矿矿区位于易门县城西北约 10km，地处云南省中西部，隶属于玉溪市，距离昆明市 70km。该地区地处云贵高原西部，属于低中山中等切割地貌，海拔为 1036m ~ 2608m，山区面积占主导，东部、北部、西部三面高山屏立，中部属于溶蚀性盆地地形，东北部为河谷地带，江河沿岸受河流切割影响，山谷相间、地形复杂。主要河流包括绿汁江、扒河，属元江水系。地区属于亚热带气候，年平均气温约为 17℃，降雨量约为 860mm，降雨集中在每年的 5~9 月。

秧田箐尾矿库属于典型的山谷型尾矿库，库区内及坝址地形开阔，秧田箐尾矿库沟谷宽度较大，沟底为地形平整的耕地，岸坡为梯田，周边地形地质条件良好，适宜山谷型尾矿库设计，堆筑一条尾矿坝拦挡河谷形成贮存尾砂库区，坝址选择在秧田箐村下游狭窄谷口处。初期坝（主坝）坝底海拔高度为 1840m，坝顶海拔为 1880m，坝高 40m，坝顶长度约为 224m，坝顶宽度为 5m，上游坡比为 1：1.75，下游坡比为 1：2。综合考虑尾矿粒度分布、投资预算及库区条件，采用上游法堆筑工艺，沟口坝顶分散放矿开始堆坝，堆积坝外坡比为 1：4，最终堆积海拔高度为 2010m。设计有效库容为 $1.089 \times 10^8 \mathrm{m}^3$，总坝高 170m，根据设计库容被分级为二等库。

由图 5-3、图 5-4 可以看出，股水村与米茂村正位于该尾矿库下游山谷的东北方向朝阳面山坡，其中米茂村距离库区仅约 0.8km，坐落于近似直角形的山谷弯道冲沟东北与西南两侧，该尾矿库属于典型的"头顶库"。相比于下游约 1.5km 距离外的股水村，米茂村所处位置更加敏感，若溃坝事故不幸发生极易造成大规模伤亡损失，因此对于该尾矿库溃坝泥浆演进过程的模拟与危险性评估具有相当重要的现实意义。

图 5-3 秧田箐尾矿库与下游居民区分布图

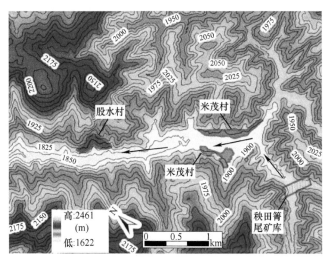

图 5-4 秧田箐尾矿库及下游地形等高线图

5.2.2　试验装置构成

以秧田箐尾矿库为工程背景，选取尾矿库区与下游 4km 范围区域为研究对象，将图 5-4 所示的下游地形特征简化，按照 1：400 的相似比自行研制建立实验室缩尺物理模拟沟槽实验台，研究分析该尾矿库溃坝后泥沙演进过程及其可能造成的后果。

如图 5-5、图 5-6 所示，缩尺实验台由三部分组成，高度由高至低分别为：（1）长度为 3m、宽度为 3.048m、坡度为 3% 的尾矿泥浆贮存仓，用以模拟尾矿库区；（2）坡比为 1：4、水平跨度为 1.604m 的挡板，代表溃坝后泥浆加速下泄所流经的尾矿坝坝体；（3）长度为 14.85m、宽度为 0.65m、坡度为 0.5%，并且包含直角形转弯的下游沟槽，代表泥浆下泄方向的狭长型山谷区域。尾矿泥浆在图 5-6（a）所示搅拌装置中搅拌均匀制备完毕后，转移至实验台泥浆贮存仓；之后由特制闸门控制尾矿库溃坝启动，泥浆在瞬间倾流而出，朝向图 5-6（b）所示的下游

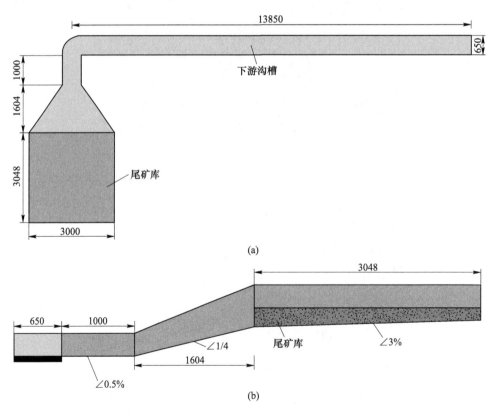

(a)

(b)

图 5-5　缩尺模拟实验台尺寸示意图（单位：mm）

(a) 俯视图；(b) 左视图

沟槽流动。预先在坝趾下游沟槽直角转弯处预设图 5-6（c）所示的压力传感器及数据自动采集系统，收集溃坝事故各阶段泥浆在该点的冲击力数值。借助高清数码摄像机实时记录泥浆流态特征，在弯道下游 5m 与 7.5m 处分别预设标尺读测泥浆淹没深度，另外采用泡沫球示踪的方法获取泥浆流速。

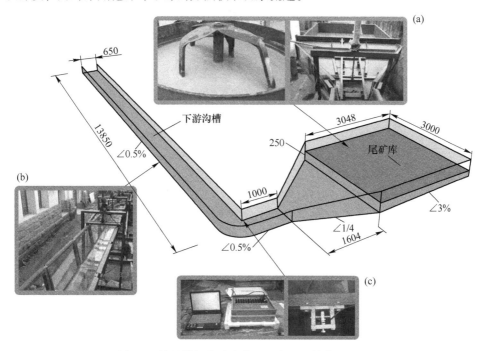

图 5-6　缩尺模拟实验台装置示意图（单位：mm）
（a）泥浆搅拌制备区；（b）下游沟槽；（c）压力传感器及自动采集装置

5.2.3　SPH 模拟工作流程

将上述缩尺物理模拟装置在计算机上通过辅助绘图程序，按照 1∶1 尺寸比例重建出三维几何模型，并转换成可移植的 .stl 格式文件，如图 5-7 所示。依据溃坝事故历史案例经验，将尾矿库溃坝溃口尺寸设置为 1/2，溃坝形式简化为坝体瞬间溃决。分别在个人台式电脑、ISCA 高性能计算集簇的 CPU 节点与 GPU 节点上运算求解。

依据溃坝试验中材料的密度、浓度等物理特性参数（如表 5-1 所示），通过编写 .xml 文件来定义 SPH 粒子初始属性。综合考虑所选取三种计算执行环境下的内存容量与 SPH 计算效率，将粒子光滑长度设置为 0.015m，最终分别生成 315983 个边界粒子与 894768 个流体粒子。为详细对比 SPH 模拟计算结果与物理模拟试验结果，设置数值计算步长为 0.2s，模拟总时长为 40s。

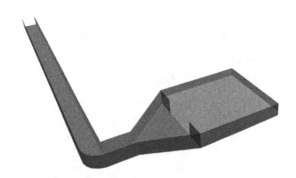

图 5-7　缩尺模拟实验台三维几何模型

表 5-1　缩尺物理模拟试验 SPH 模拟计算主要参数表

参数	符号	单位	数值
尾矿平均密度	ρ_t	kg/m³	2830
泥浆体积浓度	C_v	%	40
泥浆平均密度	ρ_s	kg/m³	1732
泥浆黏度	η	Pa·s	0.05
光滑长度	d_p	m	0.015
重力加速度	G	m/s²	-9.81
流体粒子计数	N_f		894768
边界粒子计数	N_b		315983
模拟时间	T	s	40
时间步长	t	s	0.2

　　按照图 5-1 所示的工作流程图，首先文件定义了模拟任务工作路径、源程序运行路径及结果输出路径，在前处理阶段，将 .stl 几何模型导入求解器，结合包含光滑长度、材料密度、计算时间步长等参数的 .xml 定义文件，通过 GENCASE 程序转换为可读的粒子空间信息与执行参数 .bi4 格式二进制输入文件。之后，由 DualSPHysics 程序计算求解出若干个各时间步骤的 .bi4 格式输出文件。最终，通过 Measuretool 后处理程序来测量各个时间步骤里分别由 PointsVelocity.txt 与 PointsHeights.txt 所定义的粒子移动速度与粒子高度，来表征溃坝泥浆流动速度与淹没深度，通过 Computeforces 后处理程序来测量计算特定边界粒子的压力值，分别与上述泡沫示踪球、预设标尺及压力传感器实测到的数据对比。

5.2.4　模拟结果分析与验证

5.2.4.1　运算执行环境计算效率对比

　　分别在个人计算机、高性能集簇 GPU 与 CPU 上执行运算任务，图 5-8 列出了三种运算环境下该计算案例的运算效率。可见 K80 GPU 运算效率远远高出另外两种运算环境，达到普通个人电脑（Intel i7-4770 @ 3.40 GHz, 8G RAM）的近 25 倍，是高性能计算集簇单个 CPU 计算节点（16 核）计算效率的 6.9 倍。使用 GPU 设备能够大大缩短 SPH 运算求解时间，为实现更大规模的真实比例尾矿库溃坝演进 SPH 模拟提供可能。

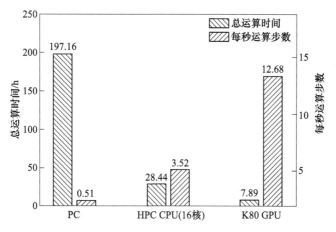

图 5-8　三种执行环境下案例运算效率对比

5.2.4.2　模拟结果分析

图 5-9~图 5-12 列出了在溃坝启动后的不同时间步骤，溃坝泥浆在下游沟槽中流动形态的 SPH 模拟结果。可见溃决尾矿泥浆分别于溃坝发生后的 1.6 s、3.8 s、4.8 s 与 7.4 s 时刻到达沟槽急弯处、距坝趾 5 m 处、距坝趾 7.5 m 处与沟槽末端。

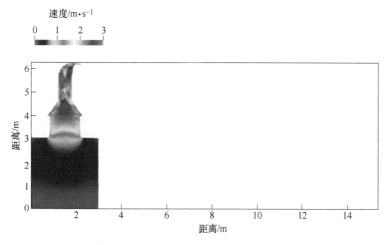

图 5-9　尾矿泥浆在沟槽中流动过程 SPH 模拟结果俯视图（$t = 1.6\,\mathrm{s}$）

泥浆流速分布呈现出以下特征：

（1）溃口处泥浆流速随库容减少呈下降趋势。在溃坝发生初期，由于库容大、溃口宽度有限，泥浆聚集在溃口处奔涌而出，并且坝趾至直角转弯处高差悬殊，泥浆流速因此急剧升高，在 $t=1.6s$ 时呈现了超过 3m/s 的流速峰值。而随着库容量的逐渐减少，该区域内流速峰值呈现显著的下降趋势，可见在 $t=7.4s$ 时，流速峰值已不足 2m/s。

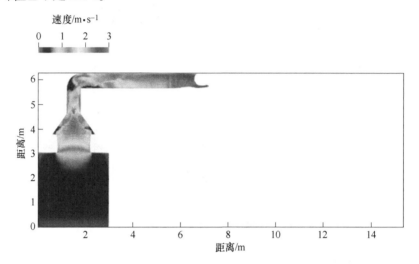

图 5-10 尾矿泥浆在沟槽中流动过程 SPH 模拟结果俯视图（$t=3.8s$）

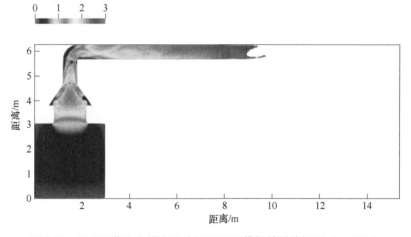

图 5-11 尾矿泥浆在沟槽中流动过程 SPH 模拟结果俯视图（$t=4.8s$）

（2）泥浆在到达直角转弯处时流态变化强烈。如图 5-9、图 5-10 所示，高速流动的泥浆撞击直角转弯外侧挡板产生反射波浪，泥浆立即改变方向转而流向转

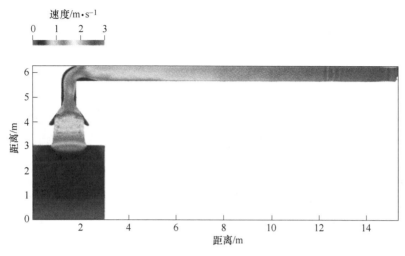

图 5-12　尾矿泥浆在沟槽中流动过程 SPH 模拟结果俯视图（$t=7.4\mathrm{s}$）

弯处内侧，能量大幅削减，外侧流速显著降低，转弯处横向流速分布呈现出界限明显的条带。之后反射的泥浆撞击转弯处内侧挡板，再次产生反射波，波浪朝下游方向演进逐渐消减进而消失，流速分布条带颜色趋于同化。而在 4.8s、7.4s 时，库容量大幅减少、溃口处泥浆流速逐渐降低后，直角转弯处的泥浆流态也逐渐趋于平稳（如图 5-11、图 5-12 所示），流速分布带的界限开始模糊，外侧低流速泥浆变窄。推测是由于库容减少、流速降低、泥浆淹没深度锐减，转弯处泥浆撞击反射现象随之趋于缓和。

（3）流速分布整体上呈现由龙头至龙尾逐渐衰减的趋势。$t=7.4\mathrm{s}$ 时（如图 5-12 所示），溃坝泥浆抵达沟槽末端，下游直线沟槽段中，由于沟槽具有 0.5% 的坡度，泥流前端流速（龙头）显著高于泥流中部（龙身）与后端（龙尾）。流速分布规律与文献所描述的"龙头、龙身、龙尾"3 个阶段一致。流速数值方面，距坝趾 5m 处流速峰值为 2.41m/s，与试验中实测流速过程线峰值 2.5m/s 仅相差 3.6%。

泥浆达到稳定流动状态时，可观察到在沟槽急弯处流态变化已较为缓和。因离心力作用泥浆爬升至挡板内壁，将动能转化为重力势能，虽然外侧泥浆流速相比于中部明显降低，但泥浆淹没深度大幅升高，将加剧灾害破坏性，对转弯处的米茂村安全构成严重威胁。并且，试验中沟槽急弯内侧能够观察到明显的漩涡现象，如图 5-13（a）所示，推测是由于反射泥流与直角弯内侧缓速流动的泥浆互相作用而形成，该现象与 SPH 模拟结果后处理抽取的图 5-13（b）粒子运移轨迹相印证。

图 5-14 对比了试验与 SPH 模拟结果中的泥浆淹没深度。可见模拟结果中两处淹没深度峰值的出现时间均稍晚于试验结果，但总体上淹没深度的变化趋势出

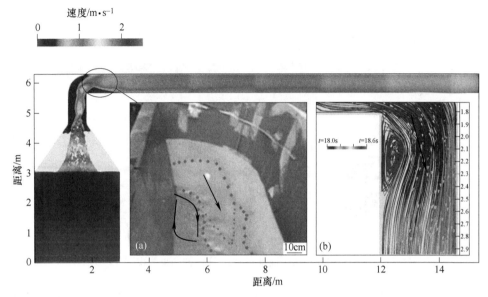

图 5-13　急弯处泥浆流态对比（$t = 18s$）

（a）试验结果；（b）粒子运移轨迹

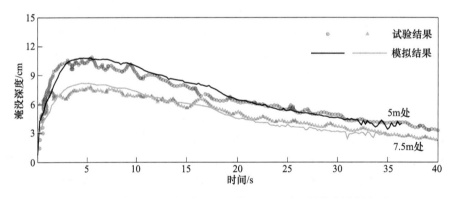

图 5-14　5m 处（1.6s 后）与 7.5m 处（3.8s 后）泥浆淹没深度对比

现高度吻合。同时，淹没深度峰值模拟结果（5m 处峰值 10.8cm、7.5m 处峰值 8.19cm）与试验结果（5m 处 10.88cm、7.5m 处峰值 7.8cm）分别仅相差 0.7% 与 5%。淹没深度峰值均出现在泥浆流经后的 0~10s 区间内，由此可以推断尾矿库溃坝泥浆在向下游演进的早期就能够造成毁灭性的破坏，迅速淹没"头顶库"下游重要设施，导致重大财产损失与人员伤亡。此外，淹没深度呈现由急速增大、到峰值波动、再到缓速减小的"小—大—小"分布特征，再次印证了试验过程中所观察到的拖尾衰减现象，淹没深度衰减速度慢，持续时间长，同样会加剧灾害破坏程度。

图 5-15 展示了沟槽急弯处泥浆冲击力的试验实测结果与 SPH 模拟结果。试验结果仅采集到 0~21s 内的有效数据，并且曲线整体更加圆滑，波动较小，推测与测量传感器的灵敏度有关。而 SPH 模拟得出该区域的冲击力曲线相比之下更加尖锐，数值波动比实测数据更为显著，波动原因可归结为该区域强烈变化的流态在局部所形成反射波流反复冲击。同时，可观察到 SPH 模拟所得冲击力峰值为 21.67kPa（$t = 1.8s$）与 22.96kPa（$t = 2s$），稍高于且迟于试验结果的 19.05kPa（$t = 1.32s$）与 18.92kPa（$t = 1.76s$），但曲线总体变化趋势与试验结果吻合。可以得出结论，SPH 模拟方法在本物理模拟案例中得到了较好的验证。

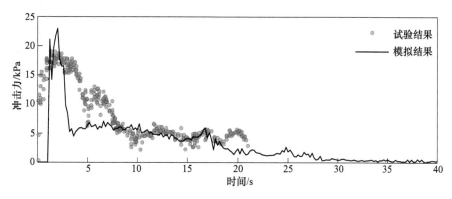

图 5-15　急弯处泥浆冲击力对比

5.3　巴西 Fundão 溃坝事故 SPH 模拟与验证

在以往尾矿库溃坝数值模拟建立模型的过程中，多数将模型进行了简化处理，无法真实还原尾矿库区形态及下泄下游区域的地形地貌特征，数值仿真处理过于理想化，以及所采用的网格类方法在溃坝类大变形、带有自由面问题的求解中存在较大误差，因此结果不具有说服力。基于上述情况，使用更为先进的 SPH 无网格粒子法，结合卫星遥感获取的地形数据，库区设计资料、坝体堆筑方式、基本形态以及溃坝泥浆特性等基本参数，建立模型模拟溃坝泥浆在下游真实地形上的演进规律，为尾矿库防灾减灾提供更可靠的参考依据。

本书将以 2015 年 11 月 5 日发生的巴西 Fundão 尾矿坝溃决案例为研究对象，基于 JAXA AW3D30 全球 DSM 地形数据，结合泄漏尾矿量、坝体高度、坝体形状等重建包含下游地形的 SPH 模拟三维模型，执行运算并将模拟结果与事故实际后果比对，以验证 SPH 方法在溃坝泥浆在真实地形上演进的大规模模拟适用性与计算效果。

5.3.1　事故案例背景

2015 年 11 月 5 日，巴西 Minas Gerais 州 Samarco 铁矿 Fundão 尾矿坝因小型地震触发原本已接近饱和的超高坝体液化溃决，泄漏约 $3.2×10^7 m^3$ 尾矿。图 5-16 所示为事故发生之前（2015 年 10 月 11 日）与之后（2015 年 11 月 12 日）的 Landsat 8 卫星图像对比，下游约 5km 外的 Bento Rodriguez 村庄被淹没，事故造成至少 17 人丧生、16 人受伤，溃坝泥浆涌入下游的 Gualaxo 河，污染了 650km 河流并最终汇入大西洋，引发巴西历史上最严重的环境灾害。

图 5-16　Fundão 溃坝事故前后 Landsat 8 卫星图像

5.3.2　SPH 模拟验证流程

构建溃坝事故发生前包含库区库容、坝体形态与下游地形的 SPH 模拟三维几何模型是模拟的关键。库区周边地形来源于卫星遥感数字表面模型（digital surface model，DSM）数据，在 QGIS 软件中剪裁提取地形 DSM 栅格数据，并转换为三维几何模型。之后再根据事故报告中所描述的坝体参数与泄漏库容量，重建出尾矿坝及库区在溃坝事故发生之前的三维几何模型，Fundão 坝体在溃决前海拔高度到达 900m，溃坝事故共泄漏尾矿 $3.2×10^7 m^3$，相当于尾矿库库容的 61%，如此高的比例在此类溃坝事故中较为罕见。溃决的 Fundão 坝体、泄漏库区与泥沙波及范围及下游设施分布情况如图 5-17 所示。将重建库区及坝体几何模型与周边地形 DSM 融合，生成 SPH 模拟三维几何模型。根据事故调查报告与类似溃坝事故中的泥浆流动规律设置模拟参数，此案例中尾矿溃坝泥浆被描述为"类似水的浑浊低浓度流体"。由于划分研究区域范围广，预期溃坝泥浆将在真实比例下游地形维持长时间流动演进，因此设置计算步长为 2s，模拟总时长为 1800s。综合考虑所使用 GPU 计算设备 NVIDIA Tesla K80 的性能与计算效率，设置光滑长度为 3m，将研究区域三维几何模型转换为无网格粒子，最终生成 18132290 个边界粒子、2987759 个流体粒子。

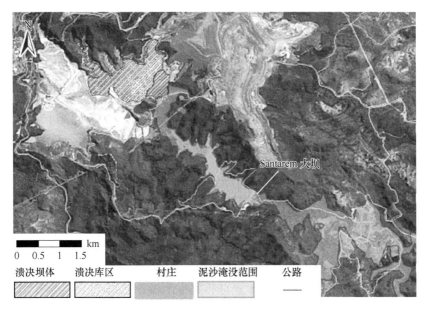

图 5-17　Fundão 溃坝事故发生位置及影响范围

5.3.3 DSM 数据来源

数字表面模型 DSM(digital surface model) 是由一组平面坐标序列 (X, Y) 与地表高程 (Z) 组成的数字地表模型。卫星遥感 DSM 是地理空间建模不可缺少的基础地理数据之一,表征包含地表构筑物高度的地面高程模型。相比于数字高程模型 (digital elevation model,DEM),DSM 不仅包含 DEM 的地形高程信息,还涵括地表以外的其他地表信息。在本书所应用的尾矿库溃坝灾害评估领域中,下游地表建筑物在溃坝泥浆淹没深度计算及后续灾害评估中发挥重要作用,因此选取 DSM 模型作为尾矿库溃坝高分辨率 SPH 模拟的地形数据来源。

目前,全球 DSM/DEM 数据主要有 SRTM、ASTER、ALOS 等来源。

(1) SRTM 全球 DEM 收据。SRTM(space shuttle radar topography mission) 即航天飞机雷达地形测绘。航天地形测绘是指以人造地球卫星、宇宙飞船、航天飞机等航天器为工作平台,对地球表面所进行的遥感测量。以往的航天测绘由于其精度有限,一般只能制作中、小比例尺地图。SRTM 是美国太空总署 (National Aeronautics and Space Administratio,NASA) 和国防部国家测绘局 (National Imagery and Mapping Agency,NIMA) 以及德国与意大利航天机构共同合作完成联合测量,由美国发射的"奋进"号航天飞机上搭载 SRTM 系统完成。本次测图任务从 2000 年 2 月 11 日开始至 22 日结束,共进行了 11 天 (总计 222h23min) 的数据采集工作,获取北纬 60°至南纬 60°之间总面积超过 1.19 亿平方千米的雷达影像数据，覆盖地球 80% 以上的陆地表面。

　　SRTM 系统获取的雷达影像的数据量约为 9.8 万亿字节，经过两年多的数据处理，制成 DEM。此次航天测绘覆盖面积之广、采集数据量之大、精度之高在测绘史上是前所未有的。SRTM 使用两个雷达天线和单轨通过的方式，运用干涉合成孔径雷达（InSAR）技术进行 DEM 数据生产。在 2014 年年底，最高精度的 SRTM 数据公布于众，美国地质勘探局（United States Geological Survey，USGS）网站提供下载数据。这个 1 角秒（arcsecond）的全球 DEM 数据具有约 30m 的空间分辨率、垂直高度小于 16m 的精度。

　　（2）ASTER 全球数字高程模型。ASTER 全球数字高程模型（ASTER Global DEM）是 NASA 与日本联合开展的 ASTER（advanced spaceborne thermal emission and reflection radiometer）项目的一项成果。

　　ASTER Global DEM 的全球数据拥有 90m 分辨率、美国数据拥有 30m 分辨率。尽管具有较高的空间分辨率和更大的覆盖范围，但常出现在云层覆盖区域下的伪影效果较差。ASTER 使用立体像对和数字图像纠正的方法来生成 DEM。两个光学影像来自飞机同一航线的不同角度，ASTER 的这些可见光和近红外波段会受云层影响，不同于 SRTM 的 C 波段雷达情况。之后，ASTER 对其 DEM 数据产品进行了伪影校正。在 2011 年 10 月，ASTER 全球数字高程模型第 2 版公开发布，与第 1 版本相比有显著的改善，在崎岖的山地地形上的表现还是要比 SRTM 高程模型精度高。该数据同样可在 USGS 网站下载。

　　（3）JAXA AW3D30 全球 DSM 数据

　　"Advanced Land Observing Satellite（ALOS）World 3D 30m mesh"（AW3D30）是一个开源的 1×1 角秒（1 arcsecond，等同于约 30m）空间分辨率的数字表面模型（digital surface model，DSM）数据集，由日本宇宙航空研究开发机构（Japan Aerospace Exploration Agency，JAXA）发射的 ALOS（Advanced Land Observing Satellite）卫星于 2006 至 2011 年之间采集。它使用先进的陆地观测卫星 "DAICHI"——PALSAR 的 L 波段。JAXA 的合成孔径雷达镶嵌数据对全球高程数据是一个重要补充。该数据在 2015 年 5 月开源，可在 JAXA 网站上注册下载。

5.3.4　下游地形粗糙度表征

　　在此引入曼宁系数（Manning coefficients）来表征下游地形的粗糙程度。曼宁系数是一个经验系数，用于在工程实践中表现流体流动的难易程度，由地形表面的类型与附着物数量来决定。根据曼宁系数公式：

$$V = \frac{1}{n} R^{2/3} \sqrt{S} \tag{5-11}$$

式中 V——流体流动速度，m/s；

       n——曼宁系数；

       R——水力半径，m；

       S——水力坡降线。

在本计算案例中，考虑到下游地形植被主要为水体与高灌木植被，根据表 5-2 中所列常见材料表面曼宁系数，n 取值为 0.075。

表 5-2   常见材料表面曼宁系数

表面类型	曼宁系数（n）
混凝土	0.012
自然明渠	0.040
低灌木植被	0.050
高灌木植被	0.075

5.3.5 结果分析与验证

根据图 5-18 所示的模拟结果，在溃坝开始第 300s 时，溃坝泥浆流速峰值超过 20m/s，出现在坝体下游约 1km 处的山谷狭窄处，由于此处地形起伏明显，沟谷坡度相对较陡，泥浆重力势能转化为动能导致泥浆流速急剧升高，此处溃坝泥浆具备较强的破坏力。根据事故报告，矿山生产用传送带经过此处溃坝泥浆流经通道，事故于当天下午 3 点 45 分钟发生，该传送带在下午 3 点 49 分即事故发生后的第 4 分钟停止工作。并且，可观察到此时溃坝砂流龙头已抵达坝体下游约 3km 处的 Santarem 拦挡坝，根据事故调查报告记录，溃坝泥浆在此迅速积聚、漫过但并未破坏该坝体，之后继续向下游演进。

模拟结果中溃坝发生后的第 600s 时，溃坝泥浆大量积聚并已漫过 Santarem 拦挡坝，可观察到泥浆流速分布图中，在该坝体位置之前溃坝泥浆流速明显放缓，之后由于地势高差泥浆流速再次增大到约 16m/s。在第 800s 时，溃坝泥浆龙头已逼近下游 5km 外的 Bento Rodrigues 村庄，同时可观察到上游溃坝泥浆流动状态逐渐趋于稳定，以平均约 8m/s 的流速缓慢向下游流动。在第 1800s 时，Bento Rodrigues 村庄大部分已被溃坝泥浆波及，同时可注意到溃坝砂流在该村庄西南侧“丁字型”山谷处分支成两部分，一部分流向正南方向山谷，另一部分漫过村庄及其南侧河道后流入东南方向 Gualaxo 河，进而继续向下游水系流动，最终汇入多西河并抵达大西洋，引发沿途严重环境污染。由于村庄所处区域地势平坦，溃坝泥浆到达此处时流速已不足 5m/s。SPH 模拟所得泥浆流动方向及淹没区域与图 5-17 中根据航摄影像绘制出的实际淹没范围形态基本一致。

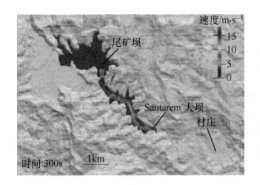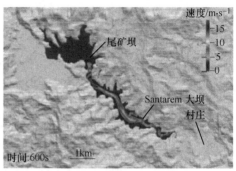
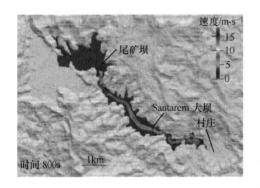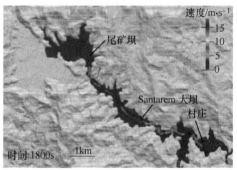

图 5-18　Fundāo 溃坝事故 SPH 模拟结果

　　图 5-19 绘出了 SPH 模拟后处理计算出的溃坝泥浆在 Bento Rodrigues 村海拔最低点的淹没深度、流速、冲击力随时间变化曲线。可见溃坝泥浆最早于溃坝发生后的第 825s 时抵达该点，由于该村庄距离库区超过 5km，且坐落于"丁字形"山谷下游的东北侧，地形坡度较缓，可以由图 5-18 流速分布图看出泥浆流速在此处大幅降低。图 5-19 中所示该点流速值、冲击力与淹没深度均在泥浆抵达初期急剧升高，对村庄建筑物及居民生命财产安全构成威胁。溃坝泥浆流速方面，曲线整体呈现出先升高后降低的趋势，峰值仅为 4.5m/s，出现在溃坝事故发生后的第 1565s；冲击力曲线在 13.7~19kPa 区间内波动，冲击力在到达峰值后整体随时间呈缓速下降趋势；由于选取该点在村庄低洼处，淹没深度随时间持续升高，在 1800s 时达到 20.4m。可以推断，虽然溃坝泥沙在到达该点时泥浆流速相较于坝趾附近已大幅降低，但由于尾砂泄漏体积巨大，泥浆淹没深度与冲击力同样具备较大破坏力，造成大量房屋与重要设施被淹没、人员伤亡，引起毁灭性灾害。

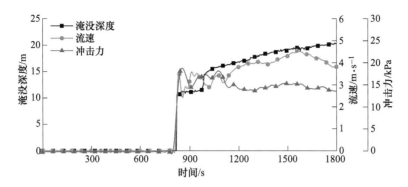

图 5-19 Bento Rodriguez 村庄泥浆淹没深度、流速、冲击力 SPH 模拟结果

5.4 SPH 模拟工程应用存在的不足与解决办法

5.4.1 SPH 模拟计算效率与精度

尾矿库一般占地面积大，达到满库容后溃坝可能涉及的区域广。本研究所提出的基于真实比例、真实地形的大规模三维模拟方法随着粒子数目增加到千万级乃至亿级，计算求解效率成为其大规模工程应用的瓶颈之一，普通个人电脑难以快速处理大规模 SPH 模拟求解计算。目前行之有效的解决方法为利用高性能计算机 GPU 开展并行计算。然而，高性能计算集簇（HPC）的建造、维护与使用门槛较高，成为大规模 SPH 计算的一大难题。

此外，大规模计算时 SPH 算法的求解精度需要更多的工程实践验证。尾矿库溃坝事故一般破坏性巨大，不可能开展现场试验，而实验室缩尺试验通常因相似比问题出现不确定性，目前最为行之有效的验证方法为模拟比对已经发生的溃坝事故，国内外尾矿库溃坝事故数据的收集至关重要。

5.4.2 卫星遥感 DSM 地形数据分辨率

目前市面上可获取的卫星遥感 DSM 地形数据分辨率较低，且采集周期通常长达数年，无法充分体现库区周边地形地貌、设施等分布特征，尤其是矿山区域本身地貌演变速度较快，卫星遥感 DSM 数据通常无法实时更新库区及其周边地形地貌变化。例如，本书所使用的©JAXA ALOS 全球 DSM 数据仅可达到 30m 左右的分辨率，采集时间跨及 2006~2011 年，同样为大规模 SPH 的溃坝模拟带来较大不确定性。

借助测绘领域近些年常用的无人机摄影测量技术来采集实时的、高精度的地形数据，可获取可信度更高的、更精细的数值模拟结果。

5.5 尾矿库无人机遥感与 SPH 模拟的融合

本章节尝试运用无网格粒子 SPH 方法在 UAV 摄影测量重建三维几何模型的基础上，以真实尺度模拟在极端恶劣条件下尾矿库不幸发生溃坝事故后，溃决泥浆在下游高分辨率、真实比例地形上的流动与演进规律。众所周知，尾矿库溃坝风险不是一成不变的，而是随着尾矿排放与坝体堆高动态更新的。UAV 摄影测量数据能够实时、快速获取，高精度还原出库区及周边地形地貌变化特征，为尾矿库溃坝灾害模拟仿真提供基础数据。利用 UAV 摄影测量成果，结合 SPH 及其他数值仿真方法实时、动态模拟尾矿库溃坝灾害风险，能够为安全生产规划与防灾减灾措施制定改进提供重要参考。

5.5.1 SPH 建模与运算求解

利用上述 UAV 摄影测量重建所得到的高精度三维模型成果，构建能够实时反映库区及周边区域真实地形的几何模型。首先，将 UAV 摄影重建所得到的高精度数字表面模型（DSM）栅格数据导入 QGIS 软件，利用通过一系列处理转换生成 .stl 格式的三维几何模型。之后，根据尾矿库设计资料，1985 年建成的初期坝结构为堆石和废石混合透水坝，坝底海拔高度为 256m，坝高 29m，无人机摄影测量重建结果显示当前坝体已堆筑至标高 356.7m，堆筑子坝高度为 71.7m，总坝高 100.7m。

尾矿库目前采用安全性能远远强于传统尾矿堆筑方式的废石、土工布、旋流器沉沙筑坝的上游式筑坝方法，当前安全情况良好，正在稳定有序地运行中。基于此，本案例的模拟与分析是在尾矿库在当前坝高与库容下，考虑尾矿库因大型地震或其他不可抗因素不幸导致溃坝的假设前提下开展的，溃坝溃口位置与宽度假设为坝体中部发生 1/2 溃坝，溃决程度直至初期坝的坝顶高度。

由于尾矿库下游不存在居民区，仅稀疏地分布着若干临时厂房，本研究的主要目的在于预测评估大型溃坝事故不幸发生的情形下，尾矿库溃坝泥浆对于下游直线距离约 1km 以外 G2 高速公路的影响。设置下游高精度地形与库区尾矿浆流体的无网格粒子光滑长度为 2m，在划分的研究区域内三维几何模型共转化生成946110 个边界粒子、3468650 个流体粒子。SPH 求解计算同样在埃克塞特大学的 ISCA 高性能计算集簇（HPC）的 GPU 节点上开展，该节点装备了 NVIDIA K80 高性能 GPU。计算步长设置为 2s，总模拟时长为 600s，计算求解完成共耗时约 60h。

5.5.2 结果与分析

图 5-20 展示了结合无人机摄影测量重建高精度地形模型的 SPH 模拟计算结果。

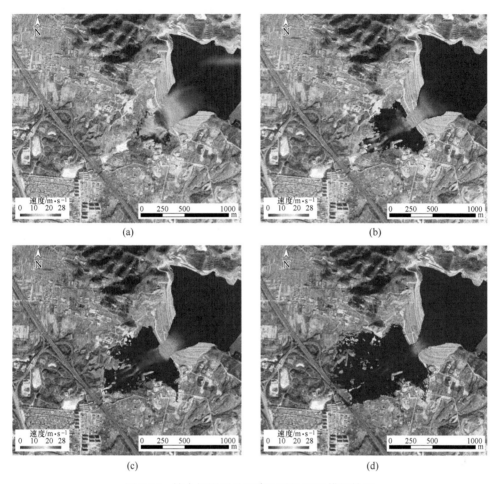

图 5-20　结合摄影测量重建地形的 SPH 模拟结果
(a) $t=50$s；(b) $t=150$s；(c) $t=300$s；(d) $t=600$s

　　由图 5-20 可见，在溃坝事故发生后第 50s，溃决尾矿泥浆前端龙头以超过 20m/s 的流速向下游高速流动，尾矿浆流速峰值出现在尾矿坝坝趾底部。而随着库容的迅速减少，流速峰值呈明显的下降趋势，到第 600s 时，溃坝泥浆的流速峰值出现在坝体坝趾附近，峰值已不足 9m/s。另一方面，根据上文的高精度摄影测量 DSM 数据，尾矿坝坝趾与左下角 G2 高速公路之间约 1km 距离的区间，分布着若干小规模水体与地势低洼处，该范围内地形高差较小。因此可明显观察到，在溃坝发生后的第 100s、150s、300s，尾矿浆主要在坝趾下游约 800m 范围内缓速扩散演进，在第 150s 时龙头向下游演进的流速峰值降至约 8m/s，之后随着地面水体、沟壑、植被等构筑物的拦挡，以不足 4m/s 的流速缓慢向周边呈扇形扩散演进。到第 300s 时，尾矿泥浆已完全扩散为扇形，继续向下游演进的龙头流速已不足 4m/s，缓慢地逼近 G2 高速公路。到第 600s 即溃坝事故发生的 10min 时，可以观察到少量的溃坝泥浆开始以不足 3m/s 的流速淹没 G2 高速公路，泥浆流量较小并且应急反应十分充足。

　　该尾矿库溃决发生后，溃坝泥浆主要积存于下游水体、沟壑等地势低洼处，并且摄影测量重建出的高精度 DSM 模型真实地反映出地表茂密植被，同样对溃坝泥浆的演进过程造成了较大影响。

6 尾矿库溃坝离心模拟试验

　　土工离心模拟技术是研究岩土工程问题的重要手段，使用离心力模拟重力，可以使试验模型的应力场和原型坝一致。通过不同的离心加速度可方便地模拟不同的坝高，与现场溃坝试验相比，离心模型试验可大量节省时间和试验费用，解决了大型溃坝试验的场地很难寻找的难题。在 Ng 条件下，尾矿库缩尺模型的应力应变可达到或接近原型坝，从而更好地揭示岩土工程边值问题的应力和变形规律。

6.1　离心模拟试验原理

　　实际工程中的原型构筑物往往比较大，在离心模拟试验出现之前，试验研究通常按原型制作缩尺模型来模拟原型在特殊工况下的变化。缩尺模型大小为原型的 $1/N$，其所受到的重力也只有原型的 $1/N$，应力状态远小于原型，从而导致筑坝材料的各项物理力学性质发生较大变化，无法准确还原实际问题，试验结果与实际情况也不尽相同。此外，制作与原型 1∶1 相同的物理模型成本过大，无法重复利用，也会耗费大量的人力物力。

　　离心试验是将与原型相似的缩尺物理模型放入高速旋转的离心机中，由离心机向物理模型施加大于其重力的离心加速度，即利用离心机产生的高 g 值环境来模拟原型场，使缩尺模型获得与土工构筑物原型相似的重力条件。尾矿坝体内某点的应力状态，只要是由有效应力和孔隙水压力组成，要使物理模型可以准确还原原型应力状态，那么离心机所施加的 g 值应与缩尺模型的缩尺比例 $1/N$ 值相乘为 1。该领域经过多年的发展已经形成一套合理的理论体系，对指导工程实际及探究机理都有巨大的帮助。通过对缩尺模型重力补偿，使物理模型更接近于实际情况，是当前岩土工程领域公认的最为可靠的研究方法之一。

6.2　离心模拟技术发展历程

　　离心机在岩土工程舞台上露面已有一个多世纪的历史。但近代正式用于岩土工程性状的预测和岩土力学理论的验证，则是由 Roscoe 在 1970 年的 Rankine Lecture 中提出的。这是继 1869 年 Phillips、1931 年法国的 Bucky 以及 1933 年苏联的 Pokrovsky 之后，新一轮的将离心机应用于岩土工程的开始。Roscoe 认为，对于自重作用不可忽视的岩土工程，这是一种能够较真实地模拟原型的满意手段。此后，Schofield 在 Rankine Lecture 中对离心模拟的比尺效应、误差和岩土离心机在检验边值问题中的作用进行了研究。这些发展已远远超出了以往几十年应用常规方法检验土性状的意义。

1931 年，Bucky 报道了在美国哥伦比亚大学进行的研究岩层中坑道顶部结构完整性的试验，采用的是对小型岩层结构加载，直到破坏。苏联的土工离心模拟技术的第一篇高质量的论文陈述了为苏联军事工程研究院所进行的关于土体压力和变形的离心试验研究。第二次世界大战后，苏联关于离心试验的报道就很少了。在 20 世纪 50~60 年代，数字计算机发展起来，但土木工程中的离心模拟却越来越少，以致在近 3 年的漫长时期中，离心模拟研究几乎销声匿迹，取而代之的是数学模拟。当然，在漫长的冷战期间，离心机在军事上的应用可能还是比较活跃的。例如，美国用来研究爆炸和巨型物体冲击所产生的弹坑大小，苏联用来研究巨型炸弹产生的弹坑大小等。然而，军事应用的细节内容一般无法被公众所了解。

直至 60 年代，Schofield 在 Luton 机场采用直径 2.7m 的离心机，进行了一系列边坡稳定性问题研究。Randolph 和 Mair 在 Rankine Lecture 中依靠离心模型试验对不同的边值问题，如吸力沉箱、桩、隧道开挖面上桩土共同作用等的设计方法作了验证，并提出了新的见解和新的设计方法。此外，为了应对可能针对公共设施而发动的恐怖袭击，英国和美国利用土工离心机研究了爆炸对隧道和大坝等的影响。

在东方，第一台土工离心机是 1964 年在大阪市立大学 Mikasa 带领下建立起来的，目的是验证软黏土的固结历史理论、研究地基承载力问题和边坡稳定性问题。20 世纪 80 年代初，日本只有 5 台土工离心机，但在过去的这 20 多年，离心机的数目及类型有了很大的增长，至 1998 年，日本总共拥有了 37 台土工离心机。除大学和研究机构之外，一些私人企业也开始逐渐认识离心模拟技术的重要作用。在最近十年，还陆续有新的离心机建成，总数已超过 40 台。

在中国，虽然早在 20 世纪 50 年代就曾考虑将离心模拟应用到结构工程方面的问题中，但土工离心机的应用直到 1982 年由南京水利科学院利用小型离心机和 1983 年由长江科学院研制成我国第一台大型离心机，才开始了我国土工离心机的历史。20 世纪 90 年代前后，中国水利水电科学研究院和南京水利科学研究院相继建成新的大型离心机。目前，国内已经拥有 20 台比较常用的离心机，容量在 50~450g-tons 不等，主要分布在高校和水利部门的科研院所。

6.3 试验材料、设备与仪器

6.3.1 试验材料

本次试验采用新城金矿取来的分级尾砂为堆坝材料，为降低粒径效应对离心试验的影响，对其进行筛分和重新配置，使填料符合试验要求。需测量尾砂的比重为 2.73，最优含水率为 15.2%、最大干密度为 1.72g/cm³，在含水率为 15%、密度为 1.65%下的渗透系数为 0.000245cm/s。

6.3.2 试验设备与仪器

本次试验采用清华大学水沙科学与水利水电工程国家重点实验室 TH-50gt 土工离心机，如图 6-1 所示。其最大有效转动半径为 2.0m，最大设计加速度为 250g，最大有效容积为 50g-tons，电动机功率为 55kW，减速比为 3.9046，最大使用负载为 200kg，离心机吊篮净尺寸为 750mm×500mm×600mm，吊篮面积为 0.42m²，可以满足模型箱的要求。

图 6-1 土工离心机

该离心机主要由三大部分组成：离心机系统、试验辅助系统和配套设施。离心机系统的基本结构包括转动系统、传动系统和监控系统；试验辅助系统一般有数据采集系统、摄影摄像系统、模型箱和制样设备；配套设施包括变电设备、室内降温通风系统等。

本次试验采用实验室提供的固壁式模型箱，其尺寸大小为 600mm×200mm×

500mm（长×宽×高）。模型箱的 3 个侧面和底板均由高强度的铝合金制成，可以满足试验在高速运行条件下的稳定性要求；另一侧为透明有机玻璃板，其厚度为58.0mm，挂斗侧面的高速摄像机可以透过有机玻璃对高浸润线条件下的尾矿坝渗流破坏全过程进行监测和录像。

由于模型箱尺寸限制，尾矿坝物理模型也较小，传感器及其布置方式会显著影响坝体内部结构，使坝体的局部强度和密度发生变化，这就给传感器的选择和安装带来困难。总体来说，传感器应越小越好，数量越少越好。

本次试验采用了 4 个型号为 HC-25 的微型孔隙水压力传感器，用于监测高浸润线条件下的坝体内的孔隙水压力变化情况，如图 6-2 所示。该传感器采用微加工硅膜片为核心元件，高度集成，具有体积小、结构紧凑、重量轻、坚固耐用的特点，且具有优良的动静态特性。其直径为 2.5mm，长度为 3.77mm；测量范围为 0~100kPa。该孔压传感器的性能参数如表 6-1 所示。

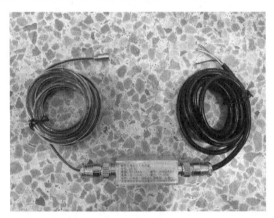

图 6-2 HC-25 微型孔隙水压力传感器

表 6-1 HC-25 微型孔隙水压力传感器性能参数

性能	参数
测量范围	−100~100kPa
过载能力	2 倍满量程压力
压力类型	绝压，表压，差压
测量介质	与 316 不锈钢兼容的气体或液体
综合精度	±0.1%FS，±0.2%FS，±0.3%FS
固有频率	20kHz~2MHz
工作温度	一般为−20~85℃，特殊可为−40~175℃
供电范围	9~36VDC（一般 24VDC）
信号输出	0~5VDC，1~5VDC，5~20mA，0~100mV
绝缘电阻	≥1000MΩ（在 100VDC 时）

本次试验采用了 3 个型号为 CJLY-350 的微型电阻式土应力盒，用于监测高浸润线条件下的坝体内的横向应力变化，如图 6-3 所示。其具有灵敏度高、体积小、结构简单等优点，适用于路基、挡土墙、坝体及隧道等地下结构工程动、静态的测试，以及室内模型试验或较小比例的模型试验。其规格尺寸为 $\phi 17mm \times 8mm$，量程为 0.1~5.0MPa，接线方式为输入→输出：AC→BD，阻抗为 350Ω。

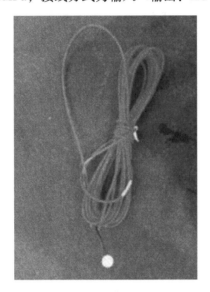

图 6-3 CJLY-350 微型电阻式土应力盒

离心机数据采集系统由两台通道数采仪、数据采集记录软件组成，该系统可实现多类型、多通道实时高频采集数据，可以满足试验要求。

6.4 试 验 方 案

6.4.1 试验物理模型设计

考虑到国内大多数尾矿库均为上游式尾矿库，在满足国家相关标准和工程规范的前提下，本次试验采用简化的上游式尾矿坝作为试验物理模型，堆筑了高相似度常规物理模型试验尾矿坝。该尾矿坝按照相似比 $N=50$ 进行设计，模型总高度为 220mm，宽为 200mm，在 $50g$ 加速度下，对应的原型坝高为 11.0m。根据《尾矿库安全规程》（GB 39496—2020），尾矿堆积坝的平均外坡比不小于 1∶3.0，因此，试验模型总外坡比设置为 1∶3.0；为得到高浸润线条件，同时最大化利用试验模型箱，库区一侧设计为水平，库区长度为 6cm，模型堆筑完成后，在库区削去部分尾砂方便向尾矿库区注水，以便提升浸润线。本次试验高浸润线的形成机制为：试验过程中保持库区干滩长度为 1.0m（对应的试验模型干滩长度为 2.0cm）。坝体设计为两层，底层（地基）高为 50mm，模拟实际状态下的硬岩，由亚克力板制作而成；尾砂堆积坝控制密度为 1.65g/cm³，含水率为 15%。在尾矿坝的坝趾下方设置排水通道，用于模拟尾矿坝渗排水通道，渗排水通道由粗粒径尾砂（粒径 0.25~0.6mm）组成，排水通道长为 80mm、宽为 200mm、高为 50mm，共需尾砂 2.0kg；由于模型箱较小，暂不考虑初期坝。试验模型如图 6-4 所示，单位为 mm。

6.4.2　传感器的布置

孔隙水压力（P1~P4）与土应力传感器（T1~T3）布置位置如图 6-4 所示。

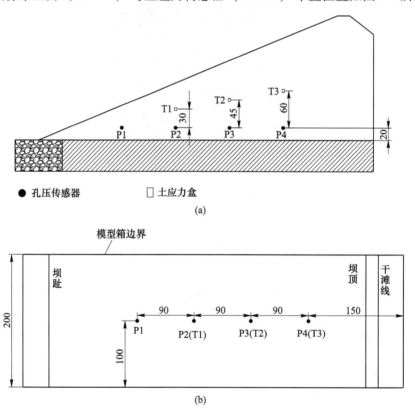

图 6-4　传感器布置图（单位：mm）

（a）剖面图；（b）俯视图

6.4.3　试验步骤

高浸润线条件下的尾矿坝渗流破坏离心试验详细操作过程如下：

（1）试验前一天调配尾砂的含水率。根据设计要求称取烘干后的尾砂35.0kg 与水 5.2kg，用喷壶将水均匀地喷洒在尾砂上，用铁锹使尾砂和水混合均匀，如图 6-5 所示，然后放入盛尾砂的容器中并封闭以备用，浸润时间不少于 12h。

图 6-5　尾砂含水率调配

（2）取出模型箱，用玻璃胶将亚克力板和模型箱底面密封严密，防止水渗入模型箱与亚克力板之间。亚克力板长 52.0cm，宽 20.0cm，高 5.0cm，置于模型箱左侧底部，将亚克力板表面刻上花纹以增大尾砂与亚克力板之间的摩擦力，防止尾砂整体滑动，如图 6-6 所示。模型箱底部剩余空隙用粗尾砂填充并压实，并用喷壶将尾砂润湿，该粗尾砂主要用于排出尾矿库渗流出来的水流，模拟原型尾矿库中的渗流设施。

（3）采用分层击实法制样，即根据设计的密实度采用分层击实法逐层堆积相应的尾砂，如图 6-7 所示。首先，称取尾砂 11880g，均匀地铺在亚克力板和粗砂上面，用配套的击实工具将尾砂击实，控制第一层高度为 60mm，密度为 1.65g/cm³；重复上述步骤，压实第二层；第三层称取尾砂 10200g，均匀地铺在已有的击实尾砂之上，控制高度为 50mm。层与层之间采用刮毛处理，增加摩擦力，防止层与层之间滑动。

（4）拧下有机玻璃板一侧的螺丝，卸下有机玻璃板及金属框架，根据预先设计好的轮廓线，在削坡前的尾矿坝模型上做好标记，由外向内进行削坡工作，如图 6-8 所示。用小铲子将多余的尾砂削去，完成尾矿坝物理模型的堆筑。

（5）本次试验采用非接触式位移测量系统分析坡体变形，为方便图像位移处理系统识别坝体位移。技术步骤如下：

1）将黑色透水石颗粒嵌入坝体，在坝体斜坡面上均匀安插白色的小泡沫，使其形成具有随机性分布的较大色差的测量区域，如图 6-9、图 6-10 所示；

2）通过设定好的摄像头记录试验过程中的变化；

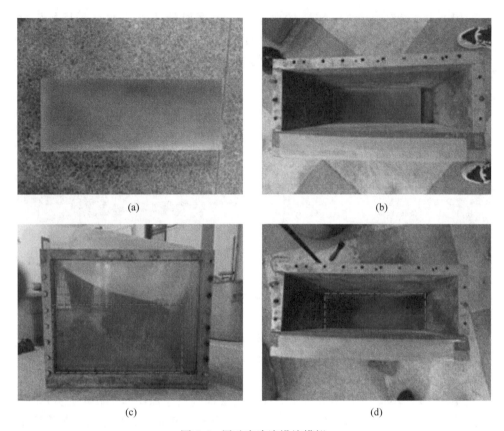

图 6-6　尾矿库渗流设施模拟

（a）亚克力板；（b）亚克力板与模型箱地面密封；（c）侧视图；（d）俯视图

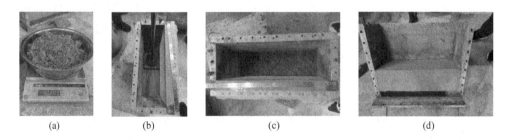

图 6-7　尾矿坝堆筑过程

（a）称量尾砂；（b）击实尾砂；（c）层与层之间刮毛处理；（d）削坡前的尾矿坝模型

3）将录像分解成数字图片序列；

4）利用分析软件处理数字照片序列，得出土体的位移场。

本次试验以坡顶延长线与坡脚竖直向上方向交点为原点建立坐标系，x 轴以向右为正，y 轴以向下为正。

图 6-8 尾矿坝削坡

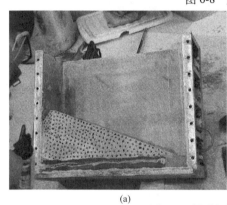

(a)

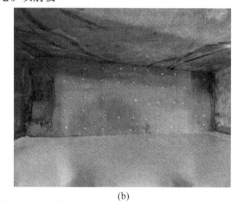

(b)

图 6-9 尾矿坝模型标志颗粒设置

（a）尾矿坝模型剖面；（b）尾矿坝模型斜坡面

图 6-10 表层覆盖黄土尾矿坝模型

（6）在有机玻璃板内侧均匀涂抹凡士林，以防止水沿着侧壁形成径流，造成尾矿坝发生变形，然后将有机玻璃板重新安装回模型箱；拧下有机玻璃板另一侧的螺丝，打开模型箱后侧，安装传感器：用尺子量取传感器位置，并做好标记，孔压传感器的安装先用金属管插入，以取出部分尾砂，再将其插入；土压力盒的安装先用塑料板插入尾砂中，形成通道后再将土压力盒放入。共计安置有 4 个孔压传感器，3 个土压力盒，从左到右依次标号为孔压传感器 P1、P2、P3、P4，土压力盒 T1、T2、T3，安装位置如图 6-11 所示。

图 6-11　传感器安装图

（7）传感器安装完成后，将模型箱后侧板安装回去，并修整坡面；用扎带将传感器传输线绑在模型箱上，以防止传输线移动破坏尾矿坝模型。

（8）试验进行之前，在库区挖去部分尾砂，向坝体均匀注水，待到渗水口处有水均匀渗出之后，停止注水，之后进行试验。该过程由排水孔将多余水分排出，形成自然浸润线。

（9）将模型箱称重，共计 106kg，进行配重，使离心机两侧质量相同，保证试验安全进行，用起吊机将模型箱放入离心机吊篮中。在模型箱上方安装两个摄像头，用于监控斜坡面上的变形。安装完成后，清理试验室现场，开始试验。

（10）离心试验开始后，每 10g 逐步提升离心机加速度，中间停留时间为 2min，加载到 50g 后，待坝体稳定运行 7min 后，启动注水系统，通过显示器人为调节注水量，保持库区内具有高水位，但又保证库区中的水不漫过坝顶，当坝体发生明显变形后，停止试验。

6.5 试验结果与分析

6.5.1 高浸润线条件下的尾矿坝渗流破坏发展过程

6.5.1.1 高浸润线条件下的尾矿坝渗流破坏发展过程

加载至 50g 并稳定 7min 之后，开始向库区内间歇性地注水，使库区内的干滩长度保持在 2.0cm 左右，对应实际工况，干滩长度为 1.0m，以在尾矿坝模型中形成稳定的高浸润线条件。

根据试验录像，注水 492s 后，距离坝顶约 13.4cm，靠近模型箱内侧 4.0～5.0cm 处，开始有水流溢出，如图 6-12（a）所示；随着注水的增加，渗流水流逐渐变大，开始在尾矿坝外坡形成径流，水流裹挟着尾砂向坝底流去，形成以管涌出水点为中心的冲沟，如图 6-12（b）所示；随着试验的进行，渗流水流越来越大，尾矿坝外坡面发生管涌处上方同时存在着裂隙的发生，随着裂隙的扩展，管涌通道附近尾砂不断坍塌，使得管涌形成的冲沟越来越大，如图 6-12（c）所

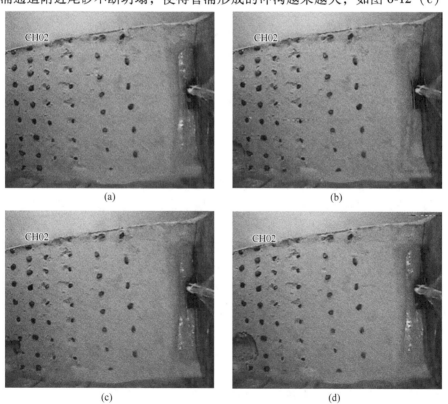

(a)　　　　　　　　　　　　(b)

(c)　　　　　　　　　　　　(d)

图 6-12　尾矿坝渗流破坏发展过程

示；注水 1450s 后，随着管涌的发展，在水流溢出处上方逐渐发生流土现象，流土范围呈现圆弧形发展，最终形成长约 10.0cm，宽约 5.0cm 的半圆弧形发展断面如图 6-12（d）所示。整体管涌破坏如图 6-13 所示。

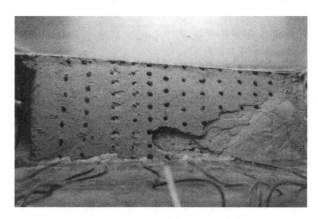

图 6-13　高浸润线条件下尾矿坝发生的管涌破坏

6.5.1.2　试验过程中的孔隙水压力与土应力变化

由图 6-14（a）可以看出，加载到 50g 并稳定 7min 之后，随着渗流破坏现场的发生，尾矿坝内部的孔隙水压力呈现出波动上升的趋势，顺序沿 P4、P3、P2、P1 逐渐开始变化，说明由于水流经过尾矿库模型需要时间，该过程体现在孔隙水压力值变化上会发生滞后，其中 P4 点的滞后时间约为 1min。管涌形成时刻，P1、P2、P3、P4 这 4 个测点的孔隙水压力值分别为 8.60kPa、15.39kPa、19.98kPa 和 23.37kPa；通过与之前孔隙水压力值提升速度对比，由于水流通道的形成，导致发生管涌后的孔隙水压力提升速度有所下降；由于模型箱限制，尾矿坝坡面滑塌的尾砂泥浆排不出去，尾矿坝模型最终趋于稳定，P1、P2、P3、P4 这 4 个测点的孔隙水压力达到最大值后最终趋于稳定。

由图 6-14（b）可以看出，随着管涌现象的发生，最靠近坝顶位置的土应力盒 T3 受到的土应力在经历一小段上升后迅速下降，其变化过程与尾矿坝模型发生管涌的现象相符；与土应力盒 T3 所受土应力不同，土应力盒 T1 和 T2 测得的土应力增大，说明在该试验条件下管涌引发的滑坡和溢流，导致部分饱和尾砂堆积在尾矿库模型中下方的表面，使得土应力盒 T1 和 T2 所受到的下滑力增大；随着溃口不断扩大，泥浆快速向下移动，土应力盒 T1 和 T2 在经历上升之后缓慢下降，之后由于管涌引发的泥沙流无法排出导致土应力上升；由于滑坡并未扩展至整个尾矿坝坡面，因此，在滑坡发展停滞之后，T3 处所受到的土应力也基本处于稳定状态。

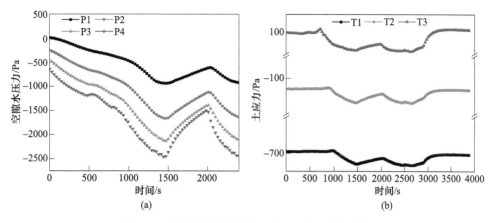

图 6-14 试验过程中的孔隙水压力与土应力变化

(a) 孔隙水压力;(b) 土应力

6.5.2 表层黄土对高浸润线条件下的尾矿坝渗流破坏影响

6.5.2.1 具有黄土表层的尾矿坝渗流破坏发展过程

通过间歇式向库区内注水的方法提高尾矿坝浸润线高度,以模拟极端强降雨天气下库区内的水来不及排出时尾矿坝的渗流破坏过程,试验总时长为 100min。

离心机加载过程中,尾矿坝中预先浸润饱和的部分水流会从排水孔中流出,其浸润线高度会逐渐下降,并且尾矿坝模型随着加速度的增加逐渐固结沉降,越靠近坝顶其沉降量越大;达到 $50g$ 并稳定 7min 之后,开始注水,使尾矿坝模型中的浸润线逐渐提升,注水 331s 后,在距坡脚 90mm 处,靠模型箱附近的尾矿坝坡面开始出现滑坡现象,标志点向下方移动,如图 6-15 (a) 所示;注水 455s 后,发生滑坡区域的上方出现水平向的裂隙,随着加载时间的增加,裂隙逐渐变大,并不断向上侵蚀,导致滑坡的范围逐渐变大,最终形成小的沟壑,如图 6-15 (b) 所示;注水 580s 后,裂隙快速向水平发展,距离坡底 160mm 范围内的表层尾砂都发生了滑动,滑坡不断向坡顶方向发展,如图 6-15 (c) 所示;注水 600s 后,滑坡右侧靠近模型箱约 8cm 处出现水流,水流裹挟着泥沙向坡底流去,水流量较大,在坡脚附近形成沙漏形状的冲积区域,如图 6-15 (d) 所示;注水 622s 后,坡面上形成多条径流,滑坡快速向上方侵蚀,注水 642s 后,包含水和尾砂的大量泥沙流快速向坡底冲击,如图 6-15 (e) 所示;之后尾矿坝进入一段稳定期,注水 851s 后,包含水和尾砂的泥沙流第 2 次汇聚成大流量的径流冲向坡底,在尾矿库模型的正中间形成一条大的径流,形成像沙漏形状的冲击区域,如图 6-15 (f) 所示;随着加载时间的增加,冲积范围不断扩大,滑坡破坏不断向上游侵蚀并趋于稳定;注水 1888s 后,包含大量水和尾砂的泥沙流第 3 次汇聚,以径流中间为顶点,形成长约 20cm,宽约 17cm 的倒三角形区域滑坡区,如

图 6-15 (g) 所示；注水 2252s 后，随着滑坡向上游的不断扩展，尾矿坝模型中间位置发生比较剧烈的滑塌发展，如图 6-15 (h) 所示；随后，滑塌发展速度较慢，在注水 3560s 后，滑塌基本稳定，其渗流破坏模式如图 6-16 所示。由图 6-16 可以看出，高浸润线条件下，具有黄土表层的尾矿坝的最终破坏模式为滑坡破坏，滑坡最高点距坡顶约 26cm，滑塌范围约占整个斜坡面的 3/4（从坡脚到坡顶），最高处形成的沟壑深约 2.8cm，受模型箱两侧夹持效应，滑坡呈圆弧形发展；滑坡形成的扇形冲积区域将坡底区域完全埋没。

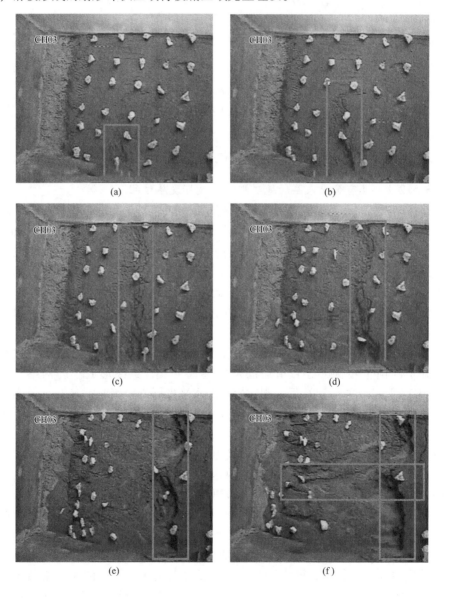

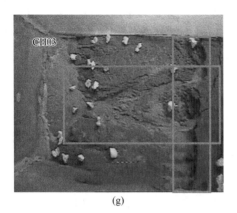 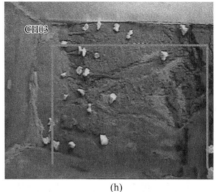

(g)   (h)

图 6-15 具有黄土表层的尾矿坝渗流破坏过程

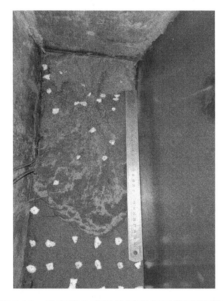

图 6-16 具有黄土表层的尾矿坝最终破坏模式

6.5.2.2 试验过程中的孔隙水压力与土应力变化

由图 6-17（a）可以看出，加载至 50g 并稳定 7min 之后，最靠近坡脚处的土应力盒 T1 受到的土应力，即下滑力最大，约为 T2 值的 2 倍，约为 T1 值的 4 倍，该尾矿坝模型不同位置处受到的土应力大小符合常识，说明试验模型设计合理有效；随着高浸润线条件的持续，尾矿坝坡面开始逐渐发生滑塌，最靠近坡脚处的土应力盒 T1 受到的土应力降低速度最快，其下降过程与尾矿坝坡面发生的滑坡现象基本吻合；相比较 T2、T3，最靠近坡脚处的土应力盒 T1 受到的土应力下降过程最先结束，说明在该试验条件下土应力盒 T1 附近的坡面最先完成滑塌；由于模型箱限制，尾矿坝坡面滑塌的尾砂泥浆排不出去，逐渐堆积在土应力盒 T1 附近，从而导致该处受到的土应力降低至最小值之后，又出现一缓慢上升阶段；由于滑坡并未扩展至整个尾矿坝坡面，因此，在滑坡发展停滞之后，T2、T3 处所受到的土应力也基本处于稳定状态。

试验过程（加载至 $50g$ 并稳定 7min 之后的注水过程）中，尾矿坝模型内部的孔隙水压力变化如图 6-17（b）所示，由于线路连接问题，最靠近坝顶处的 P4 孔隙水压力传感器未采集到数据，不过由尾矿坝坡面渗透破坏范围及 P1、P2、P3 处的孔隙水压力变化情况可以推知，缺失的 P4 孔隙水压力数值并不影响实验结果的分析。由图 6-17（b）可以看出，随着注水量的增加，尾矿坝内部的浸润线总体是逐渐提升的；由于尾矿坝模型滑坡破坏过程中会间歇性地产生坡面径流，因此其孔隙水压力存在消散、增加的反复过程，其中，孔隙水压力的消散对应于滑坡的发展过程，在时间上稍微存在滞后性；该工况下的尾矿坝模型渗透破坏过程可以分为两部分，2500s 之前，尾矿坝模型坡面间断性地发生小规模的滑坡以消散高浸润线导致的高孔隙水压力，其发生频率较高，而 2500s 之后，尾矿坝模型坡面产生的滑坡破坏呈现出单次持续时间长、破坏范围大的特点，对应的孔隙水压力变化过程就是变化频率低、上升或下降变化幅度大、持续时间长的特点。

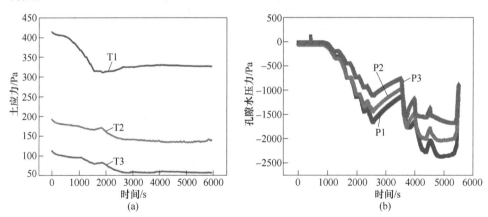

图 6-17　实验过程中的孔隙水压力与土应力变化
（a）土应力；（b）孔隙水压力

7 基于 PFC2D 的尾矿库管涌破坏研究

7.1 PFC2D 计算原理

PFC2D 采用离散元方法模拟颗粒的移动及颗粒间的相互作用。起初 PFC2D 是用来研究颗粒的物理力学特性的工具。在数值计算中，将试验模型简化成由若干个颗粒组成的单元。在此基础上，将该区域内的数值模拟应用于边界问题的连续求解，对于工程中较复杂的问题也适用。随着计算机的快速发展，使得 PFC 程序得到了快速的升级更新。

PFC 程序基本原理是颗粒之间的相互作用，基于牛顿第二定律、有限差分法的运动方程，将模拟对象划分成多个离散单元，通过对各个单元中颗粒之间的作用进行分析，将牛顿第二定律、力与位移关系交替使用，实现颗粒的位移、速度、加速度等物性参量的精确计算，并对颗粒轨迹进行跟踪记录。对于不同问题的模拟，选择的接触本构模型也不同，但整体模拟过程具有一致性。在颗粒受力或力矩的合力不等于零的情况下，按照牛顿第二定律，颗粒会发生位移和加速，但受边界条件的约束，这种位移不可能是无限增大，颗粒在移动的过程中，颗粒与颗粒、颗粒与墙体发生重叠，按照所选取的接触模式，通过重叠量，得到接触力和接触力矩的数值。期间一直伴随着旧接触的断裂和新接触的生成，再根据牛顿第二定律判断颗粒是否处于力或力矩平衡状态，如此循环迭代计算，直至计算到作用在每个颗粒上的力与力矩都为零，模拟完成。颗粒流循环计算原理如图 7-1 所示。

PFC2D 从细观角度模拟岩体的变形与破坏，为不同工况的变形破坏提供了有效的模拟途径。计算的过程中，PFC2D 对于每个颗粒交替使用牛顿第二定律在模拟的过程中，颗粒与颗粒之间或者颗粒与墙体之间，不断地产生或者消除接触。针对每个接触，采用力-位移定律，建立了对应的相对运动本构关系模型。伴随着 PFC2D 软件版本的持续更新，其内置的接触模型也在逐步增加，具体有：线性、黏结、赫兹、平行黏结接触模型。线性接触模型力学特性及元件组成如图 7-2 所示。

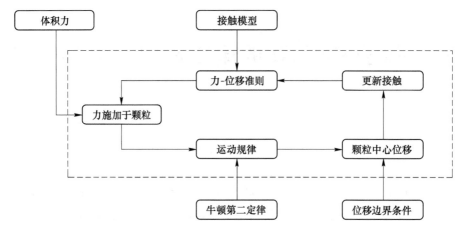

图 7-1　颗粒流循环计算原理示意图

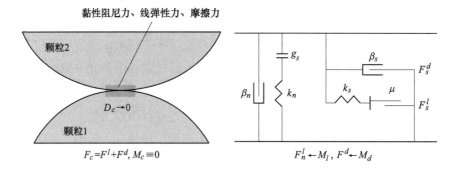

图 7-2　线性接触模型力学特性及元件组成

7.2　渗流基本理论及分析

　　水和其他流体最重要的特性是具有可流动性。在微小载荷的作用下，这些流体将产生连续的应变，从而使流体的特性更加直观地反映出来。最为典型的是水在土体孔隙中的移动。岩石、土体等是渗流运动的载体，其力学性质和渗流特征对渗流运动的作用有很大的影响。流体介质的孔隙特性（尺寸、形状等）及其在渗透过程中的分布规律，对其渗透过程具有特殊的影响，其特征十分复杂，很难将其渗透过程以孔隙的形态反映出来，也很难直接表达出地表水体在追寻水流质点的实际速度。所以，通常使用平均概念和综合参数来反映其渗流特性。就尾矿库坝体来说，主要是关于坝体中水流的运动规律及坝体所受渗流作用的分析。在本书提及的高浸润线下的尾矿库动力离心试验中，主要研究的是渗流对尾矿库坝体的整体作用效果，并没有深入探讨渗透过程中颗粒的细观变化。因此，通过构建尾矿坝的渗流模型来对管涌过程中颗粒的应力-应变变化、运动规律进行分析。

7.2.1 达西定律

1856 年，法国水文学工程师亨利·达西首次提出达西定律，当流体处于理想的渗流条件时，水在细孔内的缓速流动可被看作是一种层流现象，且其运动规律可被看作是层流渗流定律。

$$Q = Ak\frac{h_1 - h_2}{L} \tag{7-1}$$

式中　Q——渗透量；

　　　　A——断面面积；

　$h_1 - h_2$——水头损失；

　　　　L——渗流路径长度；

　　　　k——反映土体颗粒形态及流体特性的常数。

Q 与 A、$h_1 - h_2$ 呈正比例关系，与 L 呈反比例关系。

$$v = \frac{Q}{A} = -k\frac{\mathrm{d}h}{\mathrm{d}L} = ki \tag{7-2}$$

式中　v——断面 A 上的平均流速，m/s；

　　　　i——渗透坡降，即沿流程 L 的水头损失率；

　　　　k——渗透系数，cm/s；

　　　　h——测压管水头，m。

x，y 两个方向的渗透速度分量表示为：

$$\begin{cases} v_x = -k_x \dfrac{\partial H}{\partial x} \\ v_y = -k_y \dfrac{\partial H}{\partial y} \end{cases} \tag{7-3}$$

式中　H——水头函数，与 x，y 相关。

实际工况中土体的表现形态一般为非饱和，非饱和状态的土体渗流公式如下：

$$v = k(\theta)\frac{\mathrm{d}\theta}{\mathrm{d}x} \tag{7-4}$$

$$v = -D(\theta)\frac{\partial\theta}{\partial x} \tag{7-5}$$

式中　$k(\theta)$——非饱和渗透系数；

　　　　$D(\theta)$——扩散系数。

7.2.2　二维渗流连续方程

在工程实际中，面临的渗流问题通常可用二维或三维形式进行表示。在许多情况下，三维渗流问题都可以看作是一个平面的应变问题，比如尾矿库、边坡、堤坝，它们的断面形状较为固定，则可以看作是二维渗流问题。

任取微元土体，由图 7-3 可知，该微元土体的面积为 $dx \cdot dy$，微元土体厚度为 1，x、y 方向的流速分别为 v_x、v_y，单位时间内流入微元土体的水量为 dq_e，可得：

$$dq_e = v_x dy \cdot 1 + v_y dx \cdot 1 \tag{7-6}$$

单位时间内流出微元土体的水量为 dq_o，可得：

$$dq_o = \left(v_x + \frac{\partial v_x}{\partial x} dx\right) dy \cdot 1 + \left(v_y + \frac{\partial v_y}{\partial y} dy\right) dx \cdot 1 \tag{7-7}$$

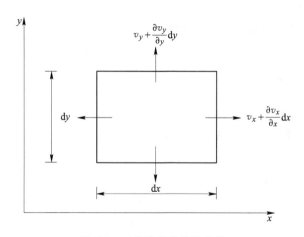

图 7-3　二维渗流的连续条件

如果假定流体不可压缩，并且土体在受到渗流作用的影响下，土体的孔隙率不发生变化，则进入微元土体的水量与从微元土体中排出的水量相等，即：

$$dq_e = dq_o \tag{7-8}$$

假定水体和土体不可压缩时，则上式变为：

$$\frac{\partial v_x}{\partial x} + \frac{\partial v_y}{\partial y} = 0 \tag{7-9}$$

式（7-9）为二维渗流连续方程，此式为不可压缩流体在多孔介质中流动的连续性方程，二维渗流连续方程表示了在任何时刻，任意点单位流量或者流速的净有变化率为零。

7.2.3 二维渗流微分方程及其离散化

对于各向异性土，依据达西定律有：

$$v_x = k_x i_x = k_x \frac{\partial u}{\partial x} \tag{7-10}$$

$$v_y = k_y i_y = k_y \frac{\partial u}{\partial y} \tag{7-11}$$

注：与下文水头边界 h 区分开，此处 u 表示水头函数。

代入式（7-9），则得二维渗流微分方程

$$\frac{\partial}{\partial x}\left(k_x \frac{\partial u}{\partial x}\right) + \frac{\partial}{\partial y}\left(k_y \frac{\partial u}{\partial y}\right) = 0 \tag{7-12}$$

根据这个公式，可以得到在渗透场内水头分布。引入边界条件，就可以得到对应的渗流场。

再将上式改写为 PFC 可以计算的离散格式：

$$\frac{k\left(i+\frac{1}{2},j\right)\left[u(i+1,j)-u(i,j)\right]-k\left(i-\frac{1}{2},j\right)\left[u(i,j)-u(i-1,j)\right]}{\Delta x^2} +$$

$$\frac{k\left(i,j+\frac{1}{2}\right)\left[u(i,j+1)-u(i,j)\right]-k\left(i,j-\frac{1}{2}\right)\left[u(i,j)-u(i,j-1)\right]}{\Delta y^2}$$

$$= 0 \tag{7-13}$$

整理得到：

$$u(i,j)\left[k\left(i+\frac{1}{2},j\right)+k\left(i,j+\frac{1}{2}\right)+k\left(i-\frac{1}{2},j\right)+k\left(i,j-\frac{1}{2}\right)\right]$$

$$= u(i+1,j)k\left(i+\frac{1}{2},j\right)+u(i,j+1)k\left(i,j+\frac{1}{2}\right)+u(i-1,j)k\left(i-\frac{1}{2},j\right)+$$

$$u(i,j-1)k\left(i,j-\frac{1}{2}\right) \tag{7-14}$$

令：

$$a = k\left(i+\frac{1}{2},j\right), b = k\left(i,j+\frac{1}{2}\right), c = k\left(i-\frac{1}{2},j\right), d = k\left(i,j-\frac{1}{2}\right)$$

则化简得到：

$$u(i,j) = \frac{a \times u(i+1,j) + b \times u(i,j+1) + c \times u(i-1,j) + d \times u(i,j-1)}{a+b+c+d}$$

$$\tag{7-15}$$

7.2.4　二维渗流力

当有水流经土体时，会造成水头损失。主要原因是水通过土体的孔隙时，所产生力图拖曳土体颗粒，而造成能量消耗的结果。综上可知，水体流经土体颗粒时，会对土体颗粒施加拖曳力，水体通过渗流作用于单位土体颗粒产生的拖曳力被称为渗流力。在渗流力作用下，将渗流破坏问题分为两类，一是局部稳定性问题，二是整体稳定性问题。流土、管涌是局部稳定问题，岸坡的滑移、挡土墙的整体失稳称为整体稳定问题。

$$J = \gamma_w hA \tag{7-16}$$

式中　　J——总渗流力，N/m^3；

　　　　A——试样的截面积，m^2；

　　　　h——水面高差为，m；

　　　　γ_w——水的重度。

作用于单位体积土体的渗透力为：

$$j = \frac{J}{AL} = \frac{\gamma_w hA}{AL} = \gamma_w i \tag{7-17}$$

$$f_x = \frac{J}{AL} = \frac{\gamma_w hA}{AL} = \gamma_w i \tag{7-18}$$

从上式可知，i 为水力梯度。

渗流力是一种量纲与 γ_w 相同的体积力。渗透力的大小与水力梯度呈正比例关系，且与渗流方向具有一致性。

假定渗流只沿 x 方向发生，在渗流方向的压力梯度为 $\dfrac{dp}{dx}$，考虑流体单元中土体颗粒在渗流方向上所受的力应保持平衡，则颗粒所受的 x 方向的总作用力 f_x 为：

$$f_x = \sum_{i=1}^{n_p} fd_i = -f_{int_s}\Delta x \Delta y - \frac{dp}{dx}\pi \sum_{i=1}^{n_p} d_r^2 \tag{7-19}$$

式中　　$d_i(i = 1, \cdots, n_y)$——土颗粒的半径，m；

　　　　n_p——流体单元中含有的土体颗粒的数量。

方程式右侧的第一个"−"符号表明，作用在流体上的力为正值，而第二个"−"符号表明，沿渗流方向压力逐渐降低。

孔隙率 n 由下式得到：

$$\Delta x \Delta y = \frac{\pi \sum_{i=1}^{n_p} d_r^2}{1 - n} \tag{7-20}$$

对于稳定无分叉的流体条件，假设颗粒流体之间的相互作用力只来自于水力梯度 ∇p_i，则

$$f_{\text{int}} = n \, \nabla p_i \qquad (7\text{-}21)$$

式中　　f_{int}——单位体积内土体颗粒与流体的相互作用力，并由此推导出土体颗粒在 x 方向上的渗透力：

$$f_x = \frac{\nabla p_i \pi d_r^2 \gamma_{\text{w}}}{1 - n} \qquad (7\text{-}22)$$

同理可求得颗粒 y 方向受到的渗流力，由此可得到单个颗粒受到的渗流场的作用力。

7.3　PFC 的细观参数标定

传统的有限元数值模拟方法，基于室内试验得到的岩土宏观参数（内摩擦角、黏结力等）可以直接使用。利用 PFC 软件对岩土的细观参数进行研究，发现其与岩土宏观参量之间并无直接的定量联系，因此，对岩土细观参量的选择还存在一定的不确定性。在一定的几何尺寸、颗粒数目和结构特征的条件下，可以利用特定的数值模型试验，对其进行多次模拟调试分析，并将数值结果所反映的宏观特征与真实的岩土宏观特征进行多次比较和分析，使其接近真实的结果，进而获得更为精确的细观参数。

在使用 PFC 程序对尾矿坝模型进行数值模拟时，要考虑到接触模型的选取，接触模型的细观参数的合理性，会对最后的计算结果产生较大影响。由于难以从试验中获得细观参数，所以需要利用搭建数值模拟的试验平台，对双轴试验进行数值模拟，在选择细观参数时，可以宏观物理参数为依据，采用试算对比的方式得到细观参数。首先假定一组细观参数，不断调节这些细观参数的大小，使得模拟试验的结果与真实宏观试验结果一致。参数标定流程图如图 7-4 所示。

因此，在对尾矿砂进行 PFC 程序的数值模拟时，应遵守如下原则：

（1）尾矿砂的接触强度与初始杨氏模量之间存在着良好的线性相关。

（2）尾矿砂的泊松比与试验模型的几何形状有关，与试验模型的切向、法

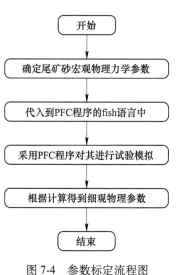

图 7-4　参数标定流程图

向刚度和的比值有关。

（3）尾矿砂的摩擦系数与黏结强度、摩擦系数相关，若仅考虑摩擦系数，则尾矿砂呈现塑性特性，或较为温和的软化特性；随着黏结强度的增大，尾矿砂峰值强度也随之增大。

（4）随着围压的增大，摩擦强度的作用比黏结强度的更大，故高围压时的塑性特征更为显著。

（5）若使用接触黏结，则在达到极限强度后的加载过程、卸载过程，其弹性模量与初始值相比，仅有微小的下降。若使用平行黏结，则在加载过程、卸载过程时，弹性模量会随应变的增加而下降，一旦平行黏结失效，则会产生累积损伤破坏。

（6）对于任意应力状态下给定的黏结条件，在剪切应力作用之前，平均应力都可以增大或降低，在一定的应力状态下，黏结的影响会导致接触力、内部能量等发生自锁定现象，从而对尾矿砂的力学性质产生显著的影响。

为此，此次数值模拟的细观参数的选取，例如：尾矿砂颗粒粒径、尾矿砂颗粒密度、摩擦系数、法向黏结强度等，根据前文离心试验选取的尾矿砂物理参数为依据，在莫尔-库仑破坏准则的基础上，通过对不同应力状态下的尾矿砂样品进行试验，获得试样在破坏时的峰值强度 σ_1 及围压 σ_3。以 $\dfrac{\sigma_1 + \sigma_3}{2}$ 为圆心，$\dfrac{\sigma_1 - \sigma_3}{2}$ 为半径绘制极限应力圆，莫尔-库仑破坏的包络线作为不同应力条件下的公切线，包络线沿 y 方向的截距为黏性系数 c，内摩擦角 φ 为包络线的斜率。

根据尾矿砂细观、宏观之间的定量关系为依据，调节其细观参数，参考相关文献，依据细观参数的选取原则，结合尾矿砂的实际物理意义，通过大量的试算，得到模拟满足要求的细观参数，如表 7-1 所列。

表 7-1　尾矿砂 PFC 细观参数表

坝体类型	最小颗粒半径/m	接触模量/MPa	法向刚度/N·m^{-1}	切向刚度/N·m^{-1}	摩擦系数
基岩	0.196	160	$3.1×10^8$	$2.2×10^8$	1.6
初期坝	不规则	95	$6.2×10^7$	$3.6×10^7$	0.5
尾粉细砂	0.098	56	$5.1×10^7$	$3.6×10^7$	0.28
尾粉土	0.090	54	$4.7×10^7$	$2.3×10^7$	0.16
尾粉质黏土	0.067	53	$4.2×10^7$	$2.8×10^7$	0.14
尾黏土	0.048	50	$3.5×10^7$	$1.6×10^7$	0.12

7.4 尾矿坝模型的建立

在实际工程中，地质情况、尾矿库坝体的结构成分以及地区环境都十分复杂，这就大大增加了数值模型的建立和数值模拟计算的难度。受 PFC 软件的功能的限制，要尽可能地将数值模拟的模型简化以符合工程实际。首先，根据离心试验原型及尾矿库实际工况，得到尾矿库坝体的二维模型；其次，按照前文土工离心试验模拟出的尾矿库工况建立颗粒流模型。模拟过程以考虑最危险工况建模为主，排水系统和其他辅助系统在模型建立中忽略不计。

（1）建模步骤。在构建尾矿坝数值模型时，为了保证细观参数的准确性，需将尾矿坝模型进行参数标定，其中涵盖组成尾矿坝坝体的颗粒粒径大小、墙体的刚度等，继而对影响建模的悬浮颗粒进行消除，对坝体模型赋予重力加速度等。在图 7-5 中列出了特定的建模步骤。

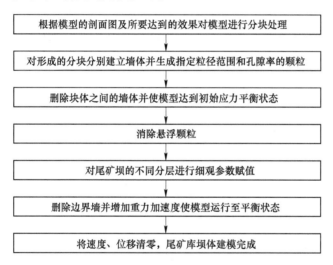

图 7-5 建模步骤图

（2）墙体建立。在 PFC2D 建模过程中，墙体的功能是：对建模过程中产生颗粒进行固定，以保证建模过程的完整性，避免产生的颗粒从模型中飞出；颗粒的限制是由于模型边界条件的添加。本书以尾矿库坝体工程作为基础，对其进行数值模拟，并构建了相应的这两种墙体。第一种墙体的作用是对模型的形状进行构建：按照尾矿库的层数依次生成颗粒，组成尾矿库模型，模型建好后，部分多余墙体可删除。第二种墙体是边界墙，对颗粒的位移进行限制。模型的边界是固定的边界，它限制了 x 和 y 的位移，每一层的接触面之间的边界是一个自由的边界，并且在模型结束之后不会被约束。

（3）尾矿库坝体模型建立。根据尾砂运移与沉积的基本原理，对其进行分析，得到尾砂移动与沉积的规律：颗粒粒径不同的尾砂运动和沉积差异较大。因此，在渗流作用和重力作用的协同影响下，尾矿库坝体不同颗粒粒径在沉积的过程中，往往会产生分离现象。同时，尾砂的颗粒粒级组成、选矿厂尾砂的排放方式、管道排放位置、排放口的间距及分布方式等，都会对尾砂颗粒在沉积过程中产生重要影响。在水力分选过程中，颗粒粒径较大的尾矿砂会快速沉淀，并首先在排矿口附近沉淀；而颗粒粒径较小的尾矿砂则会缓慢沉积，更易于远离排矿口的位置，进入尾矿库库区内部。因而，对于尾矿库建模按如下要求：在水平方向上，尾矿库按照尾粉细砂、尾粉土、尾粉质黏土、尾黏土颗粒粒径由大到小的顺序依次生成块体；垂直方向上的尾矿砂按尾粉细砂、尾粉土、尾粉质黏土、尾黏土、基岩的顺序进行建模，并且在靠近基岩的位置生成尾粉质黏土、尾黏土的软弱互层，模拟由于尾矿排放冲沟形成的土层缺陷，如图 7-6 所示。此次对于尾矿库的初期坝选取为透水坝，透水坝上游坡稳定性较好，上游坡坡比被设定为 1：1.6，初期坝的上游坡坡比应该稍微陡于下游坡，根据相关资料，最终将下游坡比设定为 1：1.75，堆积坝坡比 1：3，坝体高度为 10 米，尾矿库属于五级库。

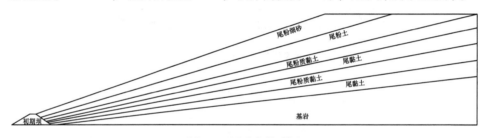

图 7-6　尾矿库模型图

（4）颗粒生成与消除悬浮颗粒。本书所研究的尾矿坝，由尾粉细砂、尾粉土、尾粉质黏土、尾黏土、初期坝和基岩组成。不同层尾矿砂颗粒的粒径范围、密度和孔隙率与颗粒流双轴压缩试验保持一致。目前，国内外学者主要采用圆形颗粒来模拟初期坝的碎石，这与真实情况存在较大差异，且会对计算结果产生影响。针对这一缺陷，本书通过对初期坝组成碎石进行分析，得出初期坝材料使用不规则 clump 颗粒簇生成更符合实际情况。尾矿坝其余土层依然采用圆形颗粒进行模拟。

PFC 的模型运行过程中，必然存在一些颗粒，与周围的颗粒接触少。这些颗粒对模型几乎不起作用。但会导致模型不收敛，且维持在某一定值，不再下降，这些颗粒被称为"悬浮颗粒"。若不加以处理，将会对模型的平衡力、速度监测、位移监测产生影响。本次模型通过 fish 语言中的 loop 循环语句，对颗粒进行遍历查找，将与周围颗粒接触小于 1 的漂浮颗粒进行删除操作，具体代码如图 7-7 所示，悬浮颗粒消除前后对比如图 7-8 所示。

```
define identify_floaters
  loop foreach local ball ball.list
    ball.group.remove(ball,'floaters')
    local contactmap = ball.contactmap(ball)
    local size = map.size(contactmap)
    if size <= 1 then
      ball.group(ball) = 'floaters'
    endif
  endloop
end
@identify_floaters
ball delete range group 'floaters'
```

图 7-7 悬浮颗粒消除代码图

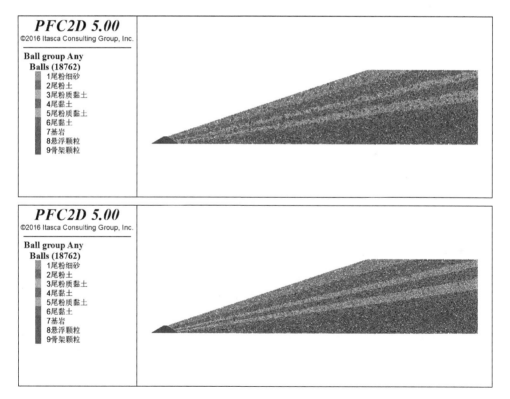

图 7-8 悬浮颗粒消除对比图

（5）模型赋值与完成。根据前文所述对尾粉细砂、尾粉土、尾黏土等进行细观标定后，按照尾矿坝模型的建立顺序，逐层进行赋值。随后使尾矿库模型达到稳定的运行状态。删除固定模型形状的墙体，仅保留防止颗粒逸出的具有边界作用的墙体，并给尾矿库模型施加值为 $9.8\mathrm{m/s^2}$ 的重力加速度。使得整个尾矿库模型在重力加速度的作用下，达到第一次初始应力平衡，再通过软件内置函数将模型中颗粒球体的速度和位移设置为零，为模型的运行做好准备。

7.5　PFC 求解渗流浸润线

7.5.1　边界原理

在渗流过程中，水在土体中的运动受到空间的限制。前文提到的渗流基本微分方程是描述水在土体中的运动规律的基础，而渗流过程必须具有一定的现实性，才能反映出土体中水分在渗流过程中的真实变化。即在求解渗流的基础上，必须满足定解条件，以使渗流场中的水头的分布具有唯一性，进而求得目标模型的浸润线分布情况，有自由面稳定渗流数学模型示意图如图 7-9 所示。

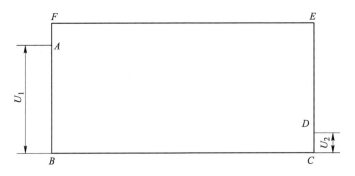

图 7-9　有自由面稳定渗流数学模型示意图

第一类为水头边界条件。此边界上的每个点的任意时刻的水头值是给定的，即给出的位势函数或水头分布函数。这个已知的边界条件可以由如下公式表示：

$$U\big|_{\varGamma_1} = \varphi(x,y,t) \tag{7-23}$$

式中　$\varGamma_1$——已知水头边界。

第二种情况称为流量边界条件。在这种情况下，此边界上的水头是不可知的，若已知单位面积的流入流量、流出流量，再通过给出位势函数或水头的法向导数，则可求得此类边界，此类边界条件可以表示为：

$$k_n \frac{\partial U}{\partial n}\bigg|_{\varGamma_2} = q(x,y,t) \tag{7-24}$$

式中　$q(x,y,t)$——已知流量函数；
　　　　$\varGamma_2$——已知流量边界段；

n——Γ_2 的外法线方向。

第三种类型为：混合型边界条件。在含水界面上，内、外水头差与含水界面上的水流流量交换值具有某种线性关系。具体表现为：

$$U + \alpha \frac{\partial H}{\partial n} = \beta \qquad (7\text{-}25)$$

式中 α，β——边界上的已知函数。

7.5.2 矩形坝体浸润线求解

下文给出符合达西定律的、具有二维稳定渗透问题的数学模式。

（1）理论浸润线求解。矩形断面浸润线公式为：

$$y = \sqrt{h_1^2 - \frac{h_1^2 - h_2^2}{L}x} \qquad (7\text{-}26)$$

式中 h_1——高位水头，m；

h_2——低位水头，m；

L——坝体长度，m。

将方程离散化后，代入 PFC2D 进行计算，可求得理论浸润线分布。

（2）渗流浸润线求解。通过给定边界条件，得到初始浸润线，一般为直线，此条浸润线所也称自由面为初始位置，对网格进行划分，其划分得越密集，计算结果越精确，最后得到的浸润线越光滑，更符合实际，相应的对计算机的性能要求也更高。

通过二维渗流微分方程得到渗流场，进而求出自由面上的水头分布：

$$\frac{\partial}{\partial x}\left(k_x \frac{\partial u}{\partial x}\right) + \frac{\partial}{\partial y}\left(k_y \frac{\partial u}{\partial y}\right) = 0 \qquad (7\text{-}27)$$

在预定的浸润线表面设定一个控制点，并对其运动轨迹进行规定。其设定原则是：在与浸润线表面交叉的范围内，以每个分区共同边界与浸润线表面的交叉点为控制点；以逸出点为控制点（逸出点为不在给定水头范围内的点）；依据实际施工经验，在浸润线表面的突变区布置较多的控制点，在平坦区布置较少的控制点。

反复进行前两步骤，直至通过第 $n+1$、n 个迭代获得的水头 U_{n+1}、U_n 的误差满足计算精确的要求，从而获得最优的浸润线分布。同理将方程离散化后，加上边界条件加以限制，代入 PFC2D 进行计算，可求得渗流浸润线分布。

在此类工况下，可以得到没于水中的上游、下游组成的入渗面为等势面，上、下游水位高度是固定不变的常量；在自由渗出面上，任意一点的水头函数与其所在部位的水位高度相等。其对应的实际意义为，孔隙水压力为 0 的等值线为浸润线，即图 7-10~图 7-12 曲线是用迭代法求出的矩形坝的浸润线。重复构建长宽相等、长宽不等的矩形堤块，观察其实际浸润线与理论浸润线的拟合情况，具体施加条件如下所示：

研究均质并且各向同性的河间堤块，此矩形堤块的长度为 L 米，高度为 H 米，没有源区和汇区，无垂直水流供给。上游河流稳定水位高度为 U_1，下游水位高度为 U_2。$BCEF$ 是矩形河堤模型，E 点是渗流溢出点，河堤模型以 AD 为划分线，$ABCD$ 区域为渗流场域，而在上方区域 $ADEF$ 无渗流。在渗流流域 $ABCDE$ 内，BC 为底部不透水边界。

构建边长为 10m 的正方形堤块，施加 4m 低水位，8m 高水位；

构建长 15m，高 10m 的矩形堤块，施加 1m 低水位，8m 高水位；

构建长 10m，高 15m 的矩形堤块，施加 1m 低水位，10m 高水位。

如图 7-10~图 7-12 所示，曲线为理论浸润线，圆点曲线为渗流浸润线，二者拟合结果较好。证明了计算方法的正确性，为 PFC 程序计算尾矿坝浸润线提供依据。通过 PFC2D 内置的 fish 语言编写迭代代码计算浸润线，具有理论上可行、计算量小、易于实施等优点，并具有较好的应用前景，该方法适用于土工结构中的浸润线计算。

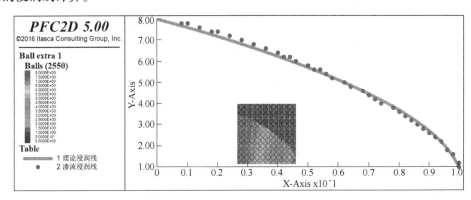

图 7-10　10m×10m 堤坝浸润线分布图

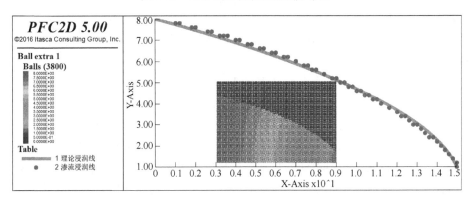

图 7-11　15m×10m 堤坝浸润线分布图

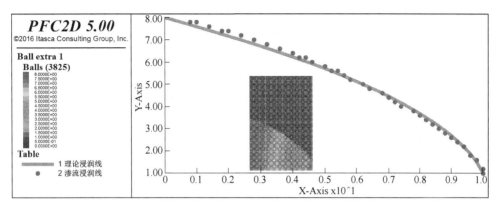

图 7-12　10m×15m 堤坝浸润线分布图

7.6　低中浸润线对尾矿库坝体的影响

7.6.1　水头高为 5m 的工况分析

图 7-13 为迭代水头法对右边界施加 5m 高水头，求解所得到的浸润线分布情况。

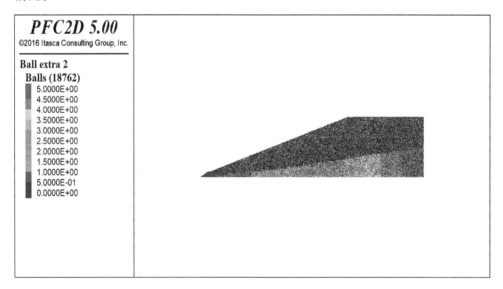

图 7-13　5m 水头浸润线分布

对尾矿库坝体施加 5m 水头，运行至稳定状态的位移云图如图 7-14～图 7-16 所示。选取运行中具有代表性的时步所对应的位移云图进行分析。模型从模拟开始至达到平衡状态，整体所受的渗流场的作用较小，尾矿库坝体保持稳定状态，无渗流通道、无管涌破坏，坝体中部及上部有小范围的颗粒移动，但无法达到滑坡破坏的临界状态。库区部分颗粒有位移变形，随着时步的增加，渗流场作用位置的集中，库区位置移动变形逐渐减小。由此可知，对尾矿库坝体施加 5m 高的水头，所形成的渗流场，不会对坝体的稳定性造成影响，尾矿库坝体处于安全运行状态。

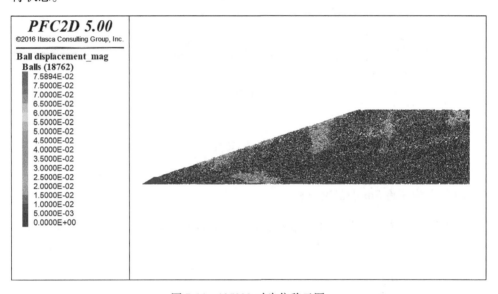

图 7-14　125000 时步位移云图

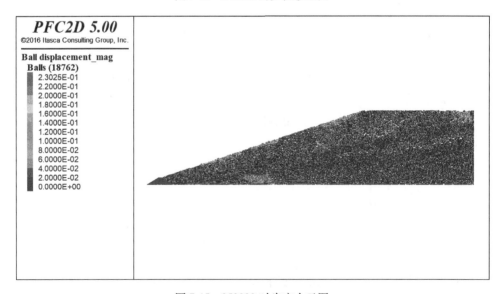

图 7-15　250000 时步应力云图

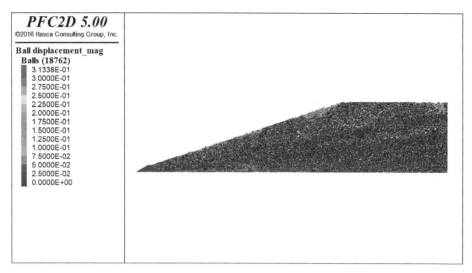

图 7-16　375000 时步应力云图

7.6.2　水头高为 7m 的工况分析

图 7-17 表示通过迭代水头法对右边界施加 7m 高水头，求解所得到的浸润线分布情况。

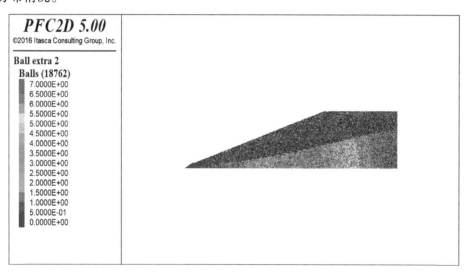

图 7-17　7m 水头浸润线分布

图 7-18~图 7-20 为模拟尾矿库坝体全过程中比较具有代表性的位移云图。对尾矿库坝体施加的水头上升为 7m 时，浸润线位置明显抬高，尾矿库坝体的位移云图对比 5m 水头模型更显著。模型运行到 125000 时步时，可以观测到，位于坝

体下部的尾黏土层、尾粉质黏土层、尾粉土层已经出现较明显的位移变形，并且位于最下层的尾黏土层颗粒位移距离最远，坝体表面有少部分颗粒发生较小位移。模型运行至 250000 时步时，由于渗流场对颗粒的作用有限，使得坝体下部的发生位移变形的区域不再向上扩展。模型运行至 500000 时步，达到平衡状态，可观测到坝体表面的运动颗粒，位移继续增大，但没有形成滑坡破坏。尾矿库坝体的下部变形区域几乎保持原有状态，不向四周扩展。通过给尾矿库坝体施加 7m 高水头，可以初步确定导致尾矿库坝体管涌的位置，为后续的高浸润线下的管涌破坏提供参考。

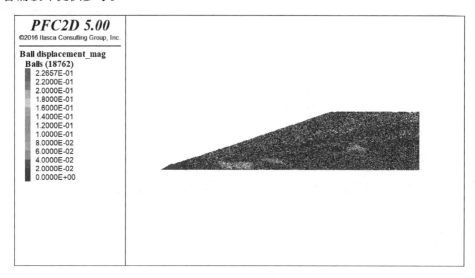

图 7-18　125000 时步位移云图

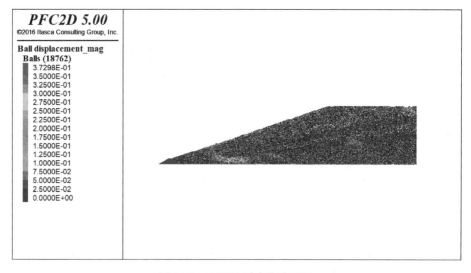

图 7-19　250000 时步位移云图

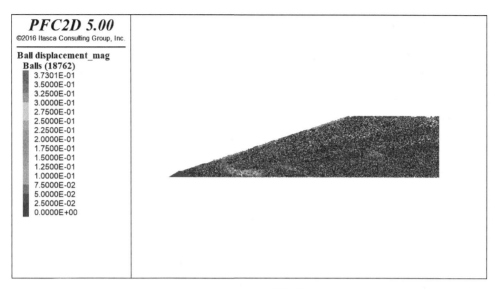

图 7-20　500000 时步位移云图

7.7　高浸润线对尾矿库坝体的影响

图 7-21 表示通过迭代水头法对右边界施加 10m 高水头，求解所得到的浸润线分布情况。

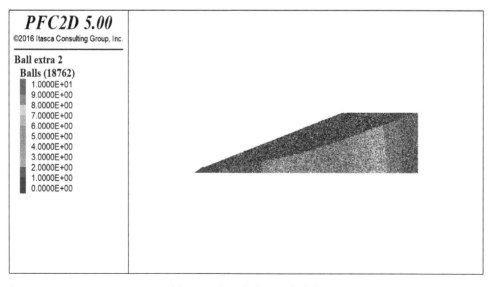

图 7-21　10m 水头浸润线分布

7.7.1　布置测量圆

根据 PFC 程序数值模拟研究的要求，在尾矿库坝体模型设置了如图 7-22 所示的测量圆，保证尾矿库坝体每一土层都包含一个测量圆，用以监测各点测量圆位置的 x、y 方向应力变化和 x、y 方向位移变化，为分析尾矿库坝体的管涌破坏提供数据支持。

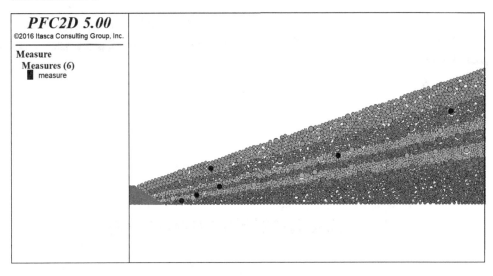

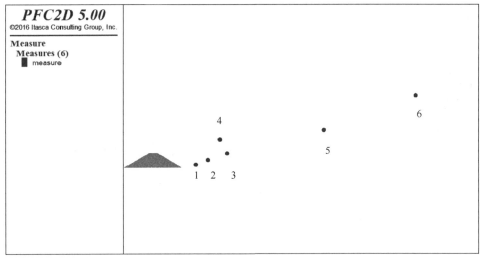

图 7-22　测量圆布置图

1 号测量圆的位置位于尾黏土层，靠近初期坝上游坡脚处，圆心坐标为 $x=$ 4.762112，$y=0.19963$，编号为 100001；2 号测量圆位于尾粉质黏土层，在 1 号测量圆右上方的位置，圆心坐标为 $x = 5.55481$，$y = 0.50509$，编号为 100002；3号测量圆位于尾黏土层，圆心坐标为 $x = 6.78714$，$y = 0.9463229$，编号为100003；4号测量圆位于尾粉细砂层，与3号测量圆的位置近乎垂直，圆心坐标为 $x = 6.32145$，$y = 1.875629$，编号为 100004；5号测量圆位于尾粉质黏土层，与前四个测量圆的位置相比，更远离初期坝，圆心坐标为 $x = 13.0236$，$y = 2.51456$，编号为 100005；6号测量圆位于尾粉土层，置于尾矿库坝体中部位置，圆心坐标为 $x = 19.0148$，$y = 4.78956$，编号为 100006。

7.7.1.1 测量圆位移分析

1号测量圆测得位移变化图如图 7-23 所示，可知：x 方向的位移变化范围为 $0 \sim 0.0632\text{m}$，y 方向的位移变化范围为 $-0.000454 \sim 0.012\text{m}$，$x$ 方向的位移变化范围远大于 y 方向。1号测量圆的 x 方向的位移变化趋势与应力变化趋势基本保持一致，$0 \sim 25000$ 时步，由于管涌破坏范围的确定，测量圆 x、y 方向同时出现较大位移变形。由于管涌破坏的位置是随着时步的增加，逐渐向 x 的负方向和 y 的正方向扩展，测量圆的 x、y 方向位移与管涌破坏位置保持一致。由于1号测量圆位于坝底，且距离管涌破坏位置较远，因此 x、y 方向位移变化较小。

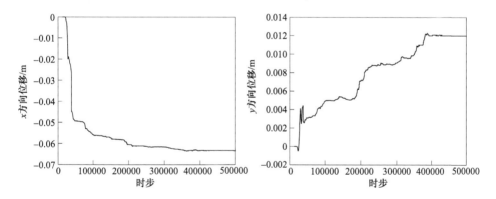

图 7-23 1号测量圆位移变化

如图 7-24 所示，2号测量圆 x、y 方向的初始位移同为 0，随着此处测量圆的受力增加，位移为 0 的状态被打破。x 方向的位移变化范围为 $0 \sim 0.173\text{m}$，y 方向的位移变化范围为 $0 \sim 0.0406\text{m}$。2号测量圆 x、y 方向位移在 $121000 \sim 148000$ 时步波动较剧烈，由于此时管涌破坏的发生，导致周边的颗粒发生移动、运移，对位于下部的2号测量圆位移产生较大影响，后期逐渐趋于稳定。

3号测量圆处于管涌破坏的中心，因此 x、y 方向的 y 位移变化范围均较大，如图 7-25 所示，x 方向位移区间为 $0 \sim 1.270\text{m}$，在6个测量圆中 x 方向位移变化范围最大。y 方向位移区间为 $0 \sim 0.344\text{m}$。在 $185000 \sim 332000$ 时步区间，y 方向位移波动较大，由于此时管涌破坏的位置集中分布在3号测量圆的尾黏土层，周

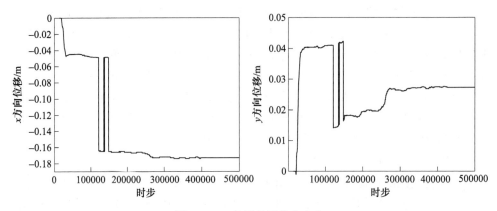

图 7-24　2 号测量圆位移变化

围颗粒的位移呈现波动上升的趋势,符合管涌破坏的颗粒移动规律。

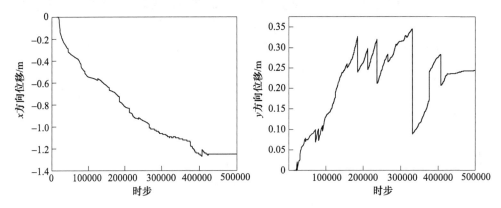

图 7-25　3 号测量圆位移变化

　　4 号测量圆同样处于管涌破坏的位置,位于 3 号测量圆的上方。如图 7-26 所示,x 方向位移区间为 0~0.572m,y 方向位移区间为 0~1.040m,在 6 个测量圆中 y 方向位移变化范围最大。随着运行时步的不断增加,此处测量圆的位移也稳定增加,直到 394000 时步时,由于管涌的破坏位置扩展到上部 4 号测量圆所在的尾粉细砂层,因此此时 x、y 方向位移增速较大,随后趋于稳定。

　　5 号测量圆位于远离管涌破坏的尾粉质黏土层,测量圆在 x、y 方向的初始位移均为 0,x 方向的位移变化范围为 0~0.000402m,y 方向的位移变化范围为 0~0.0246m,此时测量圆 y 方向位移大于 x 方向,如图 7-27 所示。从应力云图可以看出,虽然此处测量圆远离管涌破坏位置,但是位于下部的土层有向上的位移变形,因此测量圆 y 方向位移大于 x 方向。

　　由于 6 号测量圆距离管涌破坏位置过远,PFC2D 程序通过 history 实时记录

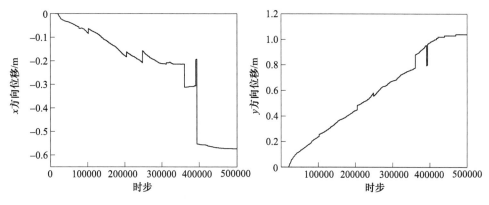

图 7-26　4 号测量圆位移变化

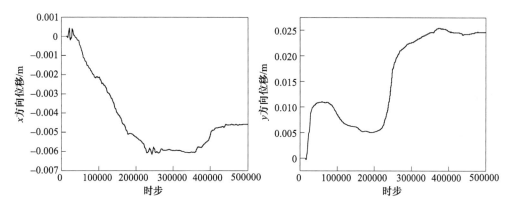

图 7-27　5 号测量圆位移变化

的位移数据全部为 0，表示此处已经不发生任何方向、任何大小的位移变形。

7.7.1.2 测量圆应力分析

1 号测量圆位置的 x、y 方向的应力变化主要表现为：初始应力较小，在 0~50000 时步，应力呈现直线剧烈增加，随后缓慢增加，直至趋于稳定，模型达到平衡状态，如图 7-28 所示。由于 1 号测量圆处于尾矿库坝体靠近基岩的尾黏土层，并且位于坝底位置，因此在 PFC2D 程序刚开始计算进行计算时，x、y 方向的应力增加较大。初始计算时，由于 1 号测量圆位于坝体最底部、此时颗粒所受重力场影响较大、渗流场对此处颗粒作用较小，因此表现为竖向应力大于水平向应力，水平向应力趋近于 0。

2 号测量圆紧邻管涌破坏的核心位置，并且埋深较深，由于 2 号测量圆全程受的渗流场与重力场的作用最大，因此 x、y 方向的应力变化范围最大，由于 2 号测量圆靠近管涌破坏，应力波动也较为明显。在 66300 时步至 13200 时步，由

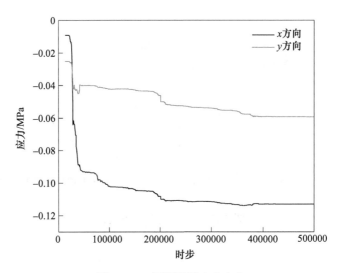

图 7-28　1 号测量圆应力变化

于 2 号测量圆所在的尾粉质黏土层发生管涌变形，测量圆上方土体颗粒向上移动，呈现凸字形移动形式，导致位于变形下方的测量圆受到颗粒挤压，此 x、y 方向的应力表现为逐渐增大。13200 时步以后尾粉质黏土层颗粒继续向上运动，下层颗粒不断填补上层缺失位置，并一起向上运动，因此 x、y 方向的应力小幅度波动，并在最后趋于稳定，如图 7-29 所示。

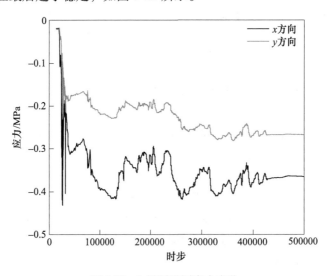

图 7-29　2 号测量圆应力变化

4 号颗粒位于管涌破坏的中心位置，因此放在一起分析应力变化。在 0 ~

25000 时步，由于渗流场的作用将管涌位置确定以后，尾黏土层（下）、尾粉质黏土层（下）、尾黏土层、尾粉质黏土层、尾粉土、尾粉细砂，按照从下往上、颗粒由小至大的顺序开始移动，并形成管涌破坏。由于颗粒的移动，使得位于管涌破坏中的 3、4 号测量圆应力平衡状态被改变，并且快速变化，导致 x、y 方向应力波动剧烈，如图 7-30、图 7-31 所示。由于 3 号测量圆位于管涌破坏的核心位置，3 号测量圆位于管涌破坏的上部土层，因此 3 号测得的应力变化范围远大于 4 号测得数据。

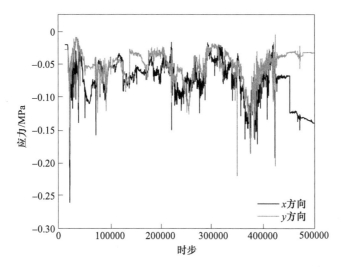

图 7-30　3 号测量圆应力变化

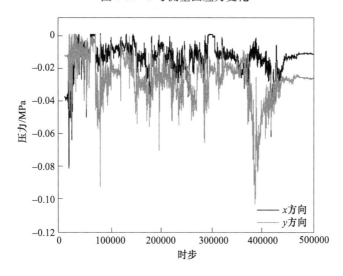

图 7-31　4 号测量圆应力变化

　　5 号测量圆位于尾粉质黏土层，与前四个测量圆的位置相比，更远离管涌破坏位置，因此 5 号测量圆测得应力变化范围较小，在 0 至 -0.5MPa 范围内变化。由于 5 号测量圆位于其他四个测量圆的上部，同时位于管涌破坏的上部，测量圆下部位移发生移动挤压，使得该处 x 方向应力变化呈现先减小后增大的变化趋势，如图 7-32 所示。

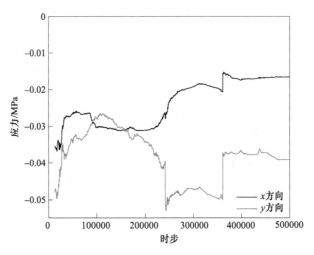

图 7-32　5 号测量圆应力变化

　　6 号测量圆位于最远处的尾粉土层，由于该位置上无颗粒位移变形，且远离管涌破坏的位置，因此只在模拟刚开始时，应力有较小变化，后续一直趋于稳定，直到坝体模型达到平衡状态，如图 7-33 所示。

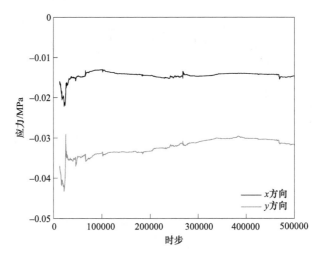

图 7-33　6 号测量圆应力变化

　　由上述测量圆的应力应变图可知，在 0 ~ 25000 时步，应力均发生较大变化，因为此时尾矿库坝体在渗流场与重力场的耦合作用下，坝体软弱层发生初步破坏，具体表现为尾粉细砂层、尾粉土层及尾粉质黏土层与尾黏土层交替布置的互层，都出现了不同程度的位移变形，初次破坏使得坝体不同位置的测量圆在 x、y 方向均出现模拟过程中增速最大的应力变化。

　　与此同时，在 460000 ~ 500000 时步（即模拟结束时），6 个测量圆的 x 方向与 y 方向的应力都趋于一条直线，也说明尾矿库坝体模型达到"平衡状态"。通过测量圆的应力应变曲线可知，x 轴方向应力变化范围较大，得出尾矿坝的渗流场的应力主要在 x 轴方向，而且较之 y 轴明显。

7.7.2　模型位移云图及颗粒移动分析

　　本书把 0 ~ 50000 时步作为第一阶段进行分析，模拟进行到 10000 时步时，此时处于模拟初期，尾矿库坝体受到渗流场作用较小，位移变形集中在坝体中下部，如图 7-34 所示。模拟运行到 50000 时步，随着渗流场作用的增加，边界水头对颗粒的作用也逐渐显现，管涌破坏的位置大致确定，表现为此阶段测量圆受到的应力急速增加，位移也变化较明显，如图 7-35 所示。坝体中部的颗粒由于管涌破坏位置的确定，逐渐趋于平衡，位移恢复到平衡态。

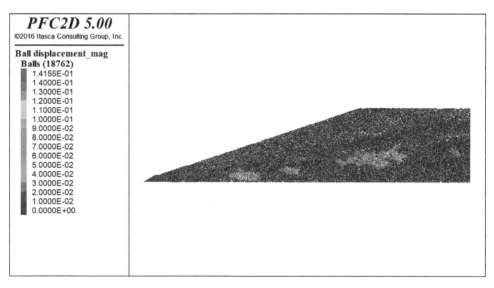

图 7-34　10000 时步位移云图

　　50000 ~ 125000 时步作为数值模拟的第二阶段，此阶段从位移云图可以观测出，颗粒移动范围增大且移动距离增大，且下层颗粒运动距离远于其他土层，如图 7-36 ~ 图 7-38 所示。坝体颗粒的移动可以从颗粒变形图中直接观察。最底层的

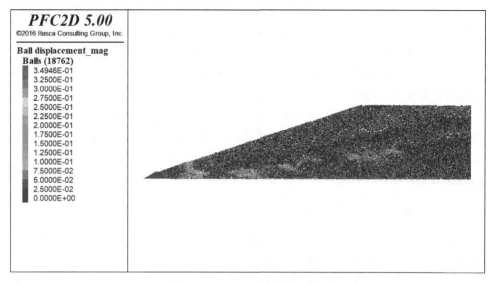

图 7-35　50000 时步位移云图

尾黏土向上运动，并在该土层形成拱起状形态，下部颗粒的运动逐渐向上传递，使得尾粉质黏土层、中部的尾黏土层、上部的尾粉土层依次出现变形，使得管涌破坏的形态初步显现。

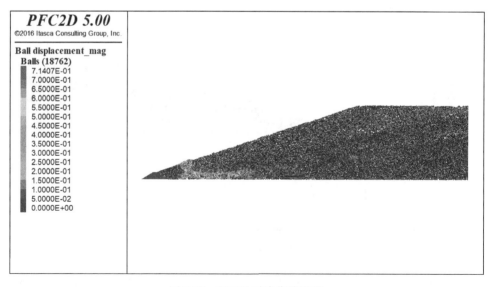

图 7-36　125000 时步位移云图

第三阶段为 120000~250000 时步，此阶段靠近基岩的最下层尾黏土向上迁

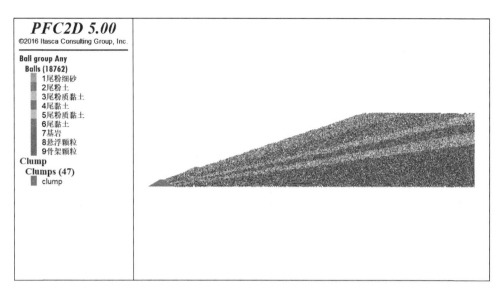

图 7-37 125000 时步颗粒变形图

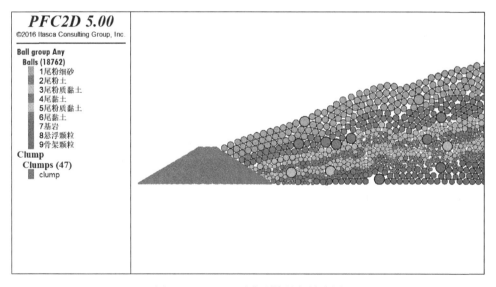

图 7-38 125000 时步颗粒局部放大图

移，与上层尾黏土形成联通通道，使得坝体下部的尾粉质黏土一起向上运动。管涌核心位置颗粒向上运动，导致位于管涌破坏上部的尾黏土层、尾粉质黏土层细小颗粒向下滑移，如图 7-39、图 7-40 所示。由于渗流作用的影响，底部细颗粒运移到上方，滑移下来的颗粒成为底部粒径最小的颗粒，因此与底层细小颗粒一起向上运动，导致底层颗粒进行大范围的向上移动。

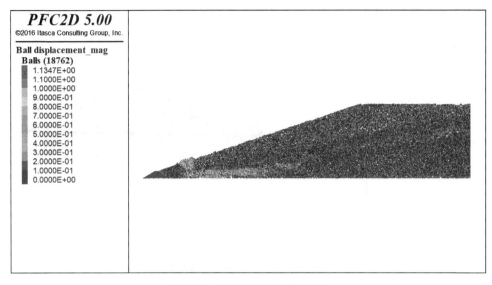

图 7-39　250000 时步位移云图

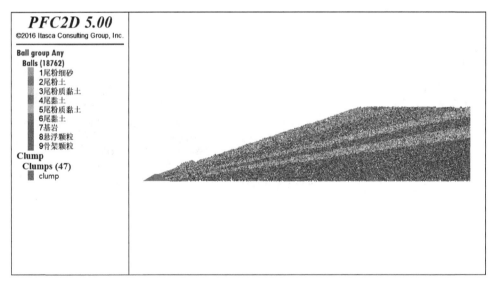

图 7-40　250000 时步颗粒变形图

　　第四阶段为 250000~500000 时步，此阶段管涌破坏已经出现，最下层尾黏土中的细小颗粒因渗流场的作用而大量向上运动，产生的孔隙逐渐被滑移下的细小颗粒填满，并一起向上运动，循环往复，直到形成贯通坝体的通道。管涌破坏逐渐由小规模颗粒迁移转向大规模坝体破坏。如图 7-41~图 7-43 所示上部的大颗粒由于渗流作用，逐渐向管涌口附近堆积，使得在堆积坝附近形成的管涌口逐渐扩大，最终导致尾矿库坝体的稳定性被破坏。相比于前文分别施加的 5m 和 7m 高度水头，本次模拟的效果更加显著，管涌破坏的过程更加清晰，位置更加确定，为避免高浸润线下的尾矿库坝体管涌破坏的发生提供参考。

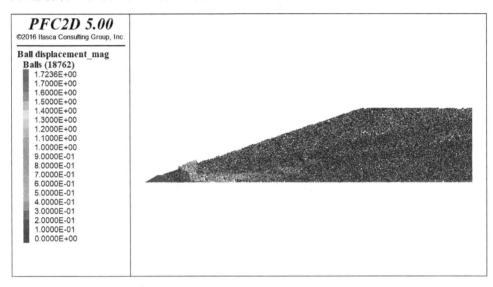

图 7-41　500000 时步位移云图

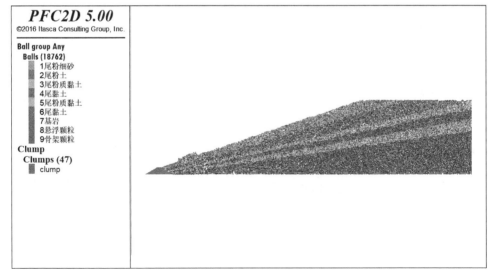

图 7-42　500000 时步颗粒变形图

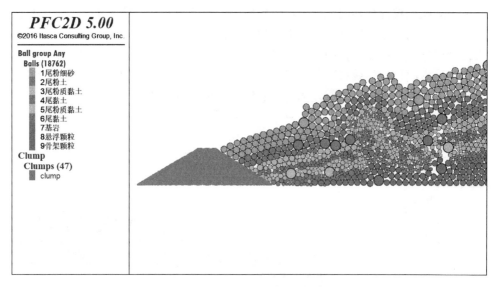

图 7-43　500000 时步颗粒局部放大

7.7.3　监测点运动轨迹分析

如图 7-44~图 7-48 所示，为清晰观察颗粒在坝体中的运动轨迹，将坝体进行局部放大。为了将运动轨迹颜色与颗粒颜色加以区分，选择黑白渐变色作为监测点轨迹颜色。由于颗粒的运动会有部分重叠，因此将每个颗粒的轨迹图单独进行观察。对编号为 3687281 号颗粒、1813204 号颗粒、962488 号颗粒、379879 号颗

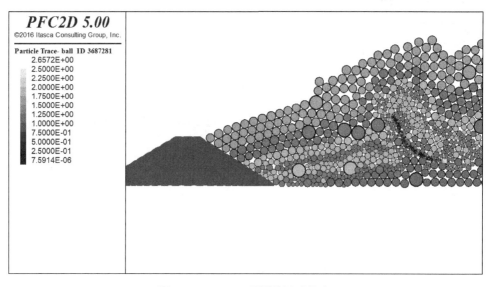

图 7-44　3687281 号颗粒运动轨迹

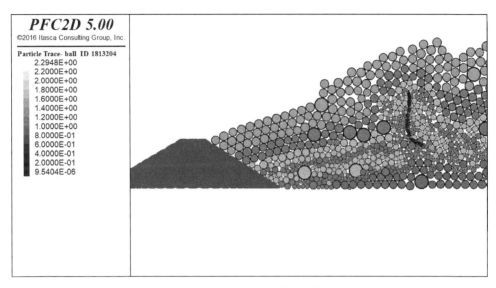

图 7-45　1813204 号颗粒运动轨迹

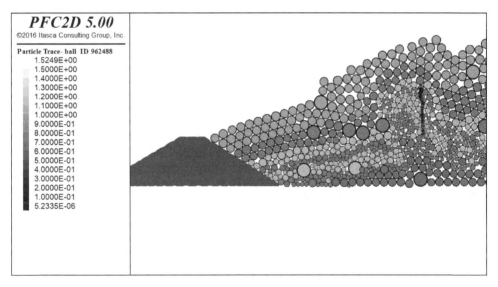

图 7-46　962488 号颗粒运动轨迹

粒、96440 号颗粒、523243 号颗粒运动轨迹进行监测追踪，得到 6 个监测颗粒从管涌初期至管涌破坏的全过程的运动轨迹，并且按照移动距离的长短进行排序。移动距离最远的颗粒依次是位于坝体（除基岩外）最下方的尾黏土层的 3687281 号颗粒、1813204 号颗粒、962488 号颗粒，移动距离为 2.6572m、2.2948m、1.5249m；其次是位于尾黏土层上方的尾粉质黏土层 379879 号颗粒，移动距离为

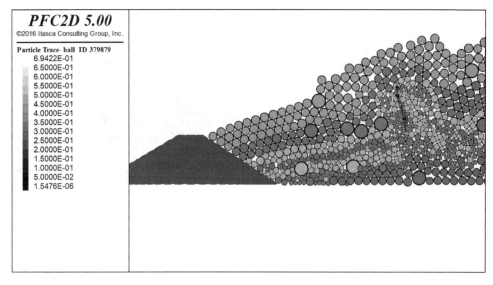

图 7-47　379879 号颗粒运动轨迹

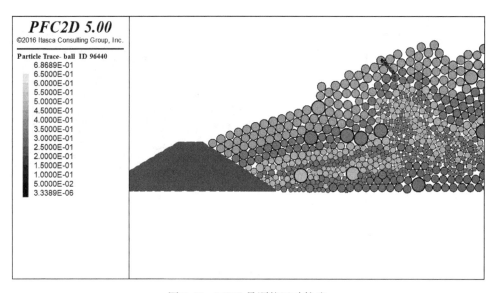

图 7-48　96440 号颗粒运动轨迹

0.69422m；移动距离最短的为尾矿库坝体最上方尾粉细砂层 96440 号颗粒，移动距离为 0.8689m。模拟中监测颗粒的移动轨迹，符合管涌破坏的移动规律，细小颗粒会因渗流场的作用而向上运动，并且移动距离最远。即颗粒移动距离与颗粒粒径大小呈现负相关。

7.7.4 预防尾矿库发生管涌破坏的方法

通过 PFC2D 程序数值模拟计算，对尾矿库坝体在不同高度浸润线下的稳定性计算分析，得到高浸润线下的尾矿库坝体管涌破坏的具体位置、破坏范围、破坏进程。模拟发现，对尾矿库坝体 5m 高水头，所形成的浸润线对尾矿库稳定性无影响，尾矿库仍保持安全运行状态，并不具备安全隐患；尾矿库坝体被施加 7m 高水头时，此时的浸润线明显抬高，模拟结束时，坝体下部有位移变形，并且有管涌通道形成的趋势，但是尾矿库坝体仍然保持稳定。当尾矿库坝体的水头施加至 10m 时，坝体发生管涌破坏。由此可以得出降低浸润线是预防管涌破坏的最有效的方法。

当尾矿库坝体的水头施加至 10m 时，坝体发生管涌破坏。通过位移云图和颗粒运移图将管涌破坏归纳为四个阶段：第一阶段为随着渗流场作用的增加，边界水头对颗粒的作用也逐渐显现，管涌破坏的位置大致确定；第二阶段为颗粒出现明显移动，最底层的尾黏土向上运动，并在该土层形成拱起状形态；第三阶段为最底层的尾黏土向上迁移，与上层尾黏土形成联通通道，渗流作用使得坝体下部的尾粉质黏土一起向上运动。第四阶段为管涌通道形成，管涌口附近有大量颗粒堆积，管涌破坏逐渐由小规模颗粒迁移转向大规模坝体破坏。通过管涌破坏的四个阶段，可以明确管涌破坏的发生位置及细颗粒具体运移过程，对于尾矿库坝体加固位置的确定提供了参考。

综上，对于预防尾矿库坝体的管涌破坏，主要采取以下措施：

（1）降低尾矿库坝体浸润线。排渗工程的布设：在尾矿库坝体中，设置大口径的垂直向排水井，并在其四周设置多条呈放射状的水平排水管道。在此基础上，通过竖井底部的导水系统，将库内入渗水排放至库区外部。干滩长度对尾矿库的浸润线有显著的影响，在尾矿库实际运行中，必须对干滩长度进行严格的控制。具体落实到工程实际中，应加大干滩的面积，使水库的水位下降。

（2）加固堆积坝易发生管涌位置。由模拟结果可知，坝体管涌破坏发生于堆积坝近坡脚处，此处由于管涌通道的形成，堆积了大量尾砂，随着管涌破坏的不断加强，尾矿库会发生溃坝，因此提前进行人工干预，可将管涌破坏的危害降到最低。在堆积坝上易发生管涌的范围内均匀地铺满碎石，然后用碾压的方法来增加堆积坝的密实度，增强由于渗流作用向上运移的细颗粒的抵抗能力，保证了尾矿库坝体的稳定性。此外，还可以在堆积坝薄弱位置即易发生管涌位置种植绿植、灌木，不但可以改善尾矿库自然环境，还能增加堆积坝坡面的植株土层厚度，增强堆积坝的抗冲击能力，提高坝体稳定性。

（3）完善尾矿库监测管理。各种尾矿库在投入运营后，随着时间的增长，尾矿库自身状态，如库区水位、干滩面等都在不断地发生着变化，而且还会受到外界环境和运行模式的影响。因此，要加强对尾矿库的日常监控和管理，通常，对尾矿库的监控，主要是针对坝体变形、坝体应力、坝体渗流、气象和水文条件。除了对尾矿库进行现场监测之外，日常的安全管理工作也十分重要。根据最近几年国内外尾矿库、尾矿坝的事故分析，大部分事故的发生，都是由于日常管理不到位造成的。因此要加强对尾矿库的日常安全管理。

8 尾矿库溃坝灾害防控与应急管理措施

8.1 灾害防控与应急管理面临的挑战

8.1.1 中小型尾矿库比例高

根据 Azam 和 Li 对 1910 年至 2010 年间全球尾矿库溃坝案例的统计，约 80% 有明确记载的事故发生在坝高不足 30m 的小型库，尤其是广泛存在于发展中国家的上游式坝体。

由于工艺简单、经济合理，我国 80% 左右的尾矿坝采用上游法工艺堆筑，并且安全基础薄弱的中小型尾矿库数量庞大，其中坝高低于 30m 的五等库占比高达 64%。另一方面，如图 8-1（a）所示，溃坝危险性巨大的 1425 座"头顶库"中，78.3% 属于四等库或五等库。由于历史原因，部分中小型尾矿库未经过正规勘察与设计流程，建设运营资料缺失，在建设时期遗留大量问题，安全基础薄弱。而中小型矿山投入安全及环保管理的预算本来就有限，难以承担监测系统高昂的建设维护成本，将其安全管理置于恶性循环态势。

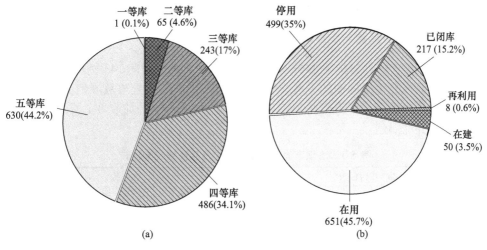

图 8-1　我国"头顶库"等别（单位：座）

（a）与运行状态；（b）数量统计

此外，中小型尾矿库在设计单位、施工单位、管理运营者或所有人变更时，其勘察设计、施工运营、变更维护、闭库规划、监测日志以及软硬件接口等档案资料常无法完整交接，导致出现大量无证经营、无设计资料、无人认领尾矿库，其安全管理基础更加薄弱且缺乏资金投入，易出现违规经营、超负荷运转的现象，进而增加溃坝安全隐患。如图 8-1（b）中统计数据显示，处于停用或闭库状态的尾矿库约占"头顶库"总数的一半，对于安全管理及溃坝灾害防控同样不容疏忽。

8.1.2　灾害预警模型准确度低，缺乏实践验证

当前监测数据处理分析手段过于简单，主要由设备配套软件平台自动生成图表，管理人员基于数据变化趋势及速率结合自身经验做出直观判断，与系统建设高投入严重不相匹配。而灾害警报触发通过设置监测数据预警阈值及人工巡查实现，预设阈值伴随坝体堆筑具有一定时效性，无效报警消息频发干扰正常生产秩序，预警系统逐渐失去管理者及公众的信任，已无法满足新时代背景下信息化安全管理的要求。另一方面，尾矿坝溃决致灾要素复杂，包括地震、洪水漫顶、管涌、坝体裂缝、坝体渗漏、滑坡、排水构筑物垮塌、排水系统失效等，简单的监测数据趋势分析难以准确及时揭露出各要素致灾演化过程，将灾害预警及应急管理置于不利局面。如前文所述，国内外学者针对灾害预警模型及其算法的优化开展了大量研究，取得了可喜的成果，但普遍存在训练及验证数据样本量有限的问题，甚至有学者建立出 100% 准确率的预警模型，可靠性有待进一步实践验证。

预警模型的构建、验证及完善需要与工程实践紧密结合，脱离工程实际的对于数据趋势的预测预警模型通常难以在工程中发挥出实用价值，当前预警模型验证的主要难点在于尾矿坝出现故障或溃坝事故案例时有效监测数据短缺。

8.1.3　矿业经济形势与尾矿库灾害防控的关联

Davies 等人统计分析了 1968 年 12 月至 2009 年 8 月期间 143 例尾矿库事故发生频次与矿产品价格周期的关系，结果显示图 8-2 中的五处事故峰值分别滞后出现在金属价格峰值（矿业形势繁荣）后的 2 年至 2.5 年（如表 8-1 所示），并指出该现象并非偶然。

表 8-1　溃坝事故发生峰值与矿产品价格周期比较

溃坝事故发生峰值开始日期	铜价格峰值日期	黄金价格峰值日期
1976 年 1 月	1974 年 1 月	1974 年 1 月
1984 年 1 月	1980 年 9 月	1980 年 9 月
1990 年 3 月	1989 年 6 月	1987 年 12 月
1998 年 2 月	1995 年 9 月	1996 年 1 月
2009 年第 1、2 季度	2008 年 2 月	2008 年 2 月

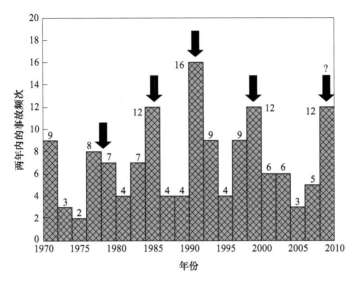

图 8-2　1968~2009 年间 143 例尾矿库溃坝事故发生统计

分析推测矿业经济与尾矿库安全直接关联的深层次原因包括：

（1）矿业繁荣期尾矿产量必然随之升高，矿企原有的尾矿库设计建设标准不适配造成尾矿排放与坝体堆存过程较粗放；

（2）高额经济利益促使了原有风险大、开采难度高区域资源开发的实现；

（3）矿产品价格下降后，矿企迫于市场压力削减尾矿库运营投入成本；

（4）矿业繁荣期为避免时间延迟成本，忽略或宽松了客观有效的独立论证及审查过程，为尾矿库安全运行留下安全隐患。

而当前全球正处于前一个矿业繁荣期后的矿业形式低谷期，金、银、镍、铜、铁等大宗矿产品价格处于相对低位，上述事故诱发原因在普遍隐藏存在于国内外矿山企业，尤其是近些年巴西、加拿大等国出现的大型溃坝事故教训应当引起我国高度重视。2018 年全球范围内已发生 4 起尾矿库重大事故，包括 2018 年 2 月 17 日发生在巴西 Pará Barcarena 因强降雨引起的矾土矿尾矿库赤泥泄漏事故，2018 年 3 月 3 日秘鲁 Recuay 省 Áncash 区 2 号尾矿库因强降雨引发坝体垮塌，泄漏约 $8 \times 10^4 m^3$ 尾矿，2018 年 3 月 9 日澳大利亚新南威尔士州 Cadia 金铜矿尾矿库在 2 次小型地震后 1 天发生溃坝事故，2018 年 6 月 4 日墨西哥 Chihuahua 州 Cieneguita 金银矿尾矿库溃坝事故泄漏约 $25 \times 10^4 m^3$ 尾矿并造成 3 人死亡。

8.1.4　缺乏应急管理措施有效评价

2013 年 10 月安全生产应急管理领域的首个国家标准《生产经营单位生产安全事故应急预案编制导则》（GB/T 29639—2013）开始施行，将应急预案体系建设规范化，将应急预案体系由"从无到有"转向"从有到优"的新阶段。2018年1月10日，国家安全生产应急救援指挥中心发布《安全生产应急准备评估指南》与《重特大生产安全事故情景构建技术导则》征求意见稿，情景要素包括情景概要、背景信息、演化过程、事故后果、应急任务等五部分。

应急预案的编制过程是总结经验教训、统一认识的过程，也是一个不断探索、完善流程、创新制度的过程，编制和实施应急预案是应急管理的基础性工作。根据事故风险评估结果和应急资源调查清单，编制安全生产应急预案，并对应急预案的真实性和实用性负责，完成应急预案相关各项管理工作。当前应急措施的评价主要依赖监管部门强制性要求的应急演练，由尾矿库管理人员及下游群众定期参与，模拟事故发生情形，检验考察应急程序、物资配备、通信能力、组织机构协调、应急人员技术水平。然而，长期实践过程中逐渐暴露出演练形式单一、关键环节缺失、参与度低、应付检查、形式主义等问题，导致实际效果大打折扣。近几年矿山企业效益不佳，部分中小型矿山为削减成本，未完全按规定制定应急预案或委托设计院全权负责库区规划及建设方案设计，未经过严谨的科学论证，方案未必高效实用甚至可行。

8.1.5 "头顶库"溃坝灾害应急响应时间有限

根据前文"头顶库"达到设计库容后溃坝泥浆在下游真实地形上演进的超前模拟预测结果，根据泥浆流态特征，将演进过程划分为"龙首阶段""龙身阶段""龙尾阶段"三大阶段。其中在"龙身阶段"，由于设计库容较大、库内高程与下游高差大，库内尾矿浆聚集的重力势能在该阶段迅速转化为动能，泥浆在流速、冲击力与淹没深度三项关键指标上均呈急剧升高趋势，可以断定该阶段是溃坝泥浆破坏力最大的阶段。对于"头顶库"而言，下游1km内分布有居民区、厂房、医院等重要设施，若溃坝事故不幸发生，留给下游群众与单位的应急响应时间非常有限，通常在几分钟以内。如何在有限的时间内，最大程度地降低损失，是化解我国1425座"头顶库"安全威胁中不可忽略的环节。而安全、合理、高效的应急管理措施是满足上述需求的关键。

8.2　灾害防控与应急管理改进建议

8.2.1 减少尾矿产量，提高回收利用率

我国尾矿累积堆存量超过200亿吨，占地约100万亩，并且尾矿年排放量超15亿吨并仍呈增长态势，在大宗工业固体废弃物排放量中占比最高，达到30.7%。而用于空区充填、建筑材料等综合回收利用率仅18.9%，尾矿回收综合利用未来将大有作为。当前安全环保标准要求下，国内外地下矿山开采中充填采

矿工艺应用的比例越来越高，并且随着充填技术的革新，尾矿高浓度自流输送、细粒尾矿膏体充填等新技术进一步提升了尾矿的回收利用率。同时合理回收运用尾矿材料作为公路、建筑、陶瓷等基本原料，"变废为宝"提升尾矿综合利用率、降低尾矿排放量，将是从源头上消除尾矿库溃坝灾害的解决途径。此外，我国尾矿堆存量高，按照计划回采重选当前技术条件下具有经济价值的尾矿，从而降低尾矿库容量，将对高危险性尾矿库消除及资源高效利用意义重大。

8.2.2 科学划分尾矿库安全等别，规范主体变更程序

当前我国尾矿库的设计等别根据库容与坝高从高至低划分为一等库至五等库，安全度等级根据坝体状态与调洪能力划分为危库、险库、病库、正常库四级，各等别对应不同严格程度的设计与安全标准。然而如上所述，我国低等级中小型库数量庞大、上游法筑坝比例高、安全基础薄弱，溃坝风险更大、后果更加严重，现行等别划分标准不能全面反映出坝体安全性与危害程度。我国可借鉴国外先进经验，综合评估库区规模、溃坝后果严重程度、安全保障能力、应急准备情况，进一步科学细分安全等级。

为解决部分废弃尾矿库无人认领或主体不明确问题，可考虑借鉴加拿大管理经验，部署记录工程师职务，根据尾矿库等别及安全性，由具备从业资质的专人独立审查并管理一至多个库区档案资料，在主体变更、企业破产等特殊情况下，记录工程师能够维持资料的完整与可溯性。另可参照国外经验，在建设初期由企业出资筹建复垦环保基金，从资金上保障尾矿库从建设到闭库复垦全寿命周期的管理。

8.2.3 正视事故原因，积极总结教训

事故调查工作的最根本目的在于总结吸取教训，并防止同类事故再次发生，而责任追究只是为实现该目的的手段之一。过度强调责任追究势必忽视教训总结，并且导致事故发生时部分涉事人员为逃避惩罚，刻意瞒报谎报事故真相，互相推脱责任，造成更加严重的后果，这也是重大事故频频发生的主要原因之一。因此，事故调查报告不应将大篇幅用在责任划分与人员处分上，而对于事故原因轻描淡写。深入挖掘、独立调查、科学论证事故发生真实原因，多角度客观还原灾害演化过程及后果，将为事故预防、隐患治理、应急措施改进及相关科学研究等提供一手资料。此外，小型事故或未遂事故同样需要引起安全管理人员重视，及时发现事故隐患并采取合理措施，将有效防止更大事故的酿成。

8.2.4 普及灾害应急知识，提高监测装备水平

近些年受经济形势影响，矿山企业安全管理人才流失严重，部分运营及监管

人员缺乏专业基础知识与实践操作经验，对于尾矿库安全未引起足够重视，灾害应急反应与自救互救能力还需提高。目前公众对于尾矿库基本构成、潜在危害及灾害应急等基础知识的了解普遍存在偏差，并且缺乏学习认知途径。需进一步加强尾矿库尤其是"头顶库"全体职工及涉灾群体的安全培训与教育，借助宣传专栏、移动终端媒体、集中培训等通俗易懂的形式向公众宣传普及基本知识，帮助公众正确认知尾矿库及其潜在危险性，提高谣言与伪科学的辨别能力，在思想上提高其重视程度，从而保证灾害应急演练实际效果，发动群众参与安全生产监督。

同时，诸如本书所述的无人机摄影测量、遥感、边坡雷达等尾矿库安全监测新手段将进一步提升尾矿库灾害防控装备水平，有助于安全管理人员及时发现异常并采取有效措施制止灾害的演化及发生。

8.2.5　灾害应急管理体系的具体与完善

尾矿库溃坝灾害应急管理的关键问题在于尽早触发有效警报，并且及时通知到应急响应主体，以尽量提供更长的应急反应与防灾救援时间，即尽可能缩短预警时间。尤其是对于我国大量存在的"头顶库"，应急救援时间往往关乎群众生命财产安危，重要性不言而喻。本书研究表明尾矿库溃坝泥浆在早期（"龙首段"）即具备强大的破坏力，留给应急响应的时间十分有限。因此，除通过优化预警模型增加预警提前度外，建立完善高效可靠的预警信息通信系统与组织机构，提高灾害预警信息发布的准确性与时效性，同样具有重要意义。灾害预警应当与应急管理体系高度融合，构成由预警触发、应急响应、紧急处置、解除预警的闭环全过程，并在库区各致灾形式的日常应急预案演练过程中持续升级改进。尾矿库尤其是"头顶库"溃坝灾害往往不单涉及矿山企业，还往往危及下游群众，以及厂房、医院等各种重要设施。应急措施的制定与完善、预警信息的发布与传播、灾情动态实时掌控需要政府部门、涉灾企业、社会组织、民众团体共同参与、协调配合，因此可靠的信息传递与共享体系、成熟的救援队伍建设、高效的救灾物资及装备统筹、规范的协同工作机制，对于灾害应急至关重要。

其次，应当从设计、建设、运营、闭库、复垦全寿命周期阶段全方位考虑的灾害风险及应急管理措施的制定。例如在设计阶段即应当充分考虑、科学论证尾矿库选址的合理性。我国目前棘手的高危"头顶库"难题主要是资源大规模开发的时代背景下，矿山建设过程中对尾矿库选址及周边社群发展规划短见造成的。因此，在绿色矿山的建设规划中，尾矿库选址、坝体堆筑方式、尾矿处置回收计划以及闭库复垦方案均需要顾及，以涵盖矿山服役的全寿命阶段。以本书所述的融合下游真实地形的数值仿真与物理相似模拟等方法，借助云计算、无人机摄影测量、地理信息系统等先进技术构建溃坝灾害应急管理动态体系，超前预测达到设计库容后可能产生灾害后果，从根源上杜绝诸如高威胁"头顶库"此类棘手难题的出现，评估拟采取的应急措施的有效性与改进策略，在溃坝灾害不可避免时最大程度降低损失。

8.2.6　尾矿堆存新工艺的改进与推广实施

传统湿式堆存工艺存在安全稳定性低、污染大等诸多弊端，与当前尾矿库严峻安全形势的形成具有一定程度的关联。近些年来随着尾矿堆存新工艺持续改进与相关设备工作性能的更新发展，新型堆存工艺在国内外逐渐得到推广应用，取得了良好的安全与环保效果。诸如浓密膏体排放、压滤干式排放、细粒尾矿模袋法筑坝等新方法为尾矿安全堆存这一世界性难题提供了新的解决方案。

参 考 文 献

[1] 蔡嗣经, 杨鹏. 金属矿山尾矿问题及其综合利用与治理 [J]. 中国工程科学, 2000 (4): 89-92.

[2] Hudson-Edwards K A, Jamieson H E, Lottermoser B G. Mine wastes: Past, present, future [J]. Elements, 2011, 7 (6): 375-380.

[3] Lottermoser B. Mine Wastes: characterization, treatment and environmental impacts [M]. 2010.

[4] Hudson-Edwards K. Tackling mine wastes [J]. Science, 2016, 352 (6283): 288-290.

[5] 李文超, 王海军, 王雪峰, 等. 全国矿产资源节约与综合利用报告 (2020) [M]. 北京: 地质出版社, 2020.

[6] Kossoff D, Dubbin W, Alfredsson M, et al. Mine tailings dams: Characteristics, failure, environmental impacts, and remediation [J]. Applied Geochemistry, 2014, 51: 229-245.

[7] Starke L. Breaking new ground: mining, minerals, and sustainable development: the report of the MMSD project [M]. Earthscan, 2002.

[8] Azam S, Li Q. Tailings dam failures: A review of the last one hundred years [J]. Geotechnical news, 2010, 28 (4): 50-54.

[9] ICOLD, UNEP. Bulletin: Tailings dams risk of dangerous occurrences: Lessons learnt from practical experiences [M]. Commission Internationale des Grands Barrages, 2001.

[10] Bowker L N, Chambers D M. The risk, public liability, & economics of tailings storage facility failures [J]. Earthwork Act, 2015, 24: 1-56.

[11] Byrne P, Hudson-Edwards K, Macklin M, et al. The long-term environmental impacts of the Mount Polley mine tailings spill, British Columbia, Canada [C]. EGU General Assembly Conference Abstracts, 2015: 6241.

[12] Guodong M. Quantitative assessment method study based on weakness theory of dam failure risks in tailings dam [J]. Procedia Engineering, 2011, 26: 1827-1834.

[13] 中华人民共和国自然资源部. 中国矿产资源报告 2019 [M]. 北京: 地质出版社, 2019.

[14] 王海军, 王伊杰, 李文超, 等. 全国矿产资源节约与综合利用报告 (2019) [M]. 北京: 地质出版社, 2020.

[15] 王昆, 杨鹏, HUDSON-EDWARDS K, 等. 尾矿库溃坝灾害防控现状及发展 [J]. 工程科学学报, 2018, 40 (5): 526-539.

[16] Scott M, Lo R, Thavaraj T. Use of instrumentation to safeguard stability of a tailings Dam [M]. 2007.

[17] Song Y-S, Cho Y-C, Kim K-S. Monitoring and stability analysis of a coal mine waste heap slope in Korea [M]. Springer, 2015.

[18] Rashed M. Monitoring of contaminated toxic and heavy metals, from mine tailings through age accumulation, in soil and some wild plants at Southeast Egypt [J]. Journal of hazardous materials, 2010, 178 (1/2/3): 739-746.

[19] Buselli G, Lu K. Groundwater contamination monitoring with multichannel electrical and electromagnetic methods [J]. Journal of Applied Geophysics, 2001, 48 (1): 11-23.

［20］ Vanden Berghe J-F, Ballard J, Wintgens J, et al. Geotechnical risks related to tailings dam operations ［C］//Proceedings Tailings and Mine Waste, 2011.

［21］ Zandarín M T, Oldecop L A, Rodríguez R, et al. The role of capillary water in the stability of tailing dams ［J］. Engineering Geology, 2009, 105 (1/2): 108-118.

［22］ Coulibaly Y, Belem T, Cheng L. Numerical analysis and geophysical monitoring for stability assessment of the Northwest tailings dam at Westwood Mine ［J］. International Journal of Mining Science and Technology, 2017, 27 (4): 701-710.

［23］ Sjödahl P, Dahlin T, Johansson S. Using resistivity measurements for dam safety evaluation at Enemossen tailings dam in southern Sweden ［J］. Environmental geology, 2005, 49 (2): 267-273.

［24］ Colombo D, MacDonald B. Using advanced InSAR techniques as a remote tool for mine site monitoring ［J］. Slope Stability, 2015: 1-12.

［25］ Palmer J. Creeping earth could hold secret to deadly landslides ［J］. Nature, 2017, 548 (7668).

［26］ Schmidt B, Malgesini M, Turner J, et al. Satellite monitoring of a large tailings storage facility ［C］. Tailings and Mine Waste, 2015.

［27］ Emel J, Plisinski J, Rogan J. Monitoring geomorphic and hydrologic change at mine sites using satellite imagery: The Geita Gold Mine in Tanzania ［J］. Applied Geography, 2014, 54: 243-249.

［28］ Minacapilli M, Cammalleri C, Ciraolo G, et al. Thermal inertia modeling for soil surface water content estimation: A laboratory experiment ［J］. Soil Science Society of America Journal, 2012, 76 (1): 92-100.

［29］ Zwissler B, Buikema N, Oommen T, et al. Thermal remote sensing for mine tailings strength characterization ［C］. Geo-Congress 2014: Geo-characterization and Modeling for Sustainability, 2014: 979-988.

［30］ Colomina I, Molina P. Unmanned aerial systems for photogrammetry and remote sensing: A review ［J］. ISPRS Journal of photogrammetry and remote sensing, 2014, 92: 79-97.

［31］ Pajares G. Overview and current status of remote sensing applications based on unmanned aerial vehicles (UAVs) ［J］. Photogrammetric Engineering & Remote Sensing, 2015, 81 (4): 281-330.

［32］ Peternel T, Kumelj Š, Oštir K, et al. Monitoring the Potoška planina landslide (NW Slovenia) using UAV photogrammetry and tachymetric measurements ［J］. Landslides, 2017, 14 (1): 395-406.

［33］ 国家安全生产监督管理总局. AQ 2030—2013 尾矿库安全监测技术规范 ［S］. 2010.

［34］ 中国有色金属工业工程建设标准规范管理处, 中国有色金属长沙勘察设计研究院有限公司. 尾矿库在线安全监测系统工程技术规范 ［S］. 中华人民共和国住房和城乡建设部; 中华人民共和国国家质量监督检验检疫总局. 2015: 109.

［35］ 李青石, 李庶林, 陈际经. 试论尾矿库安全监测的现状及前景 ［J］. 中国地质灾害与防治学报, 2011, 22 (1): 99-106.

[36] 李晓新, 王吉宇, 牛昱光. 基于高密度电阻率法的尾矿坝浸润线监测系统设计 [J]. 工矿自动化, 2013, 39 (4): 20-23.

[37] 袁子清, 杨小聪, 张达, 等. 一种用于尾矿库干滩长度在线监测的新方法 [J]. 中国安全生产科学技术, 2014, 10 (7): 71-75.

[38] 陈凯, 陆得盛, 金枫, 等. 极端气象条件下金属矿山尾矿库在线监测系统研究 [J]. 矿冶, 2014, 23 (5): 81-85.

[39] 王利岗, 张达, 杨小聪, 等. 某尾矿库基于 ZigBee 传感网络的在线监测系统 [J]. 有色金属工程, 2014, 4 (3): 74-77.

[40] 王利岗. 尾矿库安全监测系统防雷接地技术研究 [J]. 现代矿业, 2012, 27 (8): 93-96.

[41] 余乐文, 张达, 张元生, 等. 尾矿库安全在线监测系统供电技术研究 [J]. 金属矿山, 2016 (2): 122-124.

[42] 于广明, 宋传旺, 吴艳霞, 等. 尾矿坝的工程特性和安全监测信息化关键问题研究 [J]. 岩土工程学报, 2011, 33 (S1): 56-60.

[43] 马国超, 王立娟, 马松, 等. 矿山尾矿库多技术融合安全监测运用研究 [J]. 中国安全科学学报, 2016, 26 (7): 35-40.

[44] 高永志, 初禹, 梁伟. 黑龙江省矿集区尾矿库遥感监测与分析 [J]. 国土资源遥感, 2015, 27 (1): 160-163.

[45] 刘军, 王鹤, 王秋玲, 等. 无人机遥感技术在露天矿边坡测绘中的应用 [J]. 红外与激光工程, 2016, 45 (S1): 118-121.

[46] 马国超, 王立娟, 马松, 等. 基于激光扫描和无人机倾斜摄影的露天采场安全监测应用 [J]. 中国安全生产科学技术, 2017, 13 (5): 73-78.

[47] 王海龙. 低空摄影测量技术在露天矿山土石方剥离工程量计算方面的应用探索 [J]. 测绘通报, 2014 (S2): 170-172.

[48] Azzam R, Arnhardt C, Fernandez-Steeger T. Monitoring and early warning of slope instabilities and deformations by sensor fusion in self-organized wireless ad-hoc sensor networks [J]. J SE Asian Appl Geol, 2010, 2 (3): 163-169.

[49] Peters E, Malet J, Bogaard T. Multi-sensor monitoring network for real-time landslide forecasts in early warning systems [C]// Proceeding Conference on Mountain Risks: Bringing Science to Society, Florence, 2010: 335-340.

[50] Intrieri E, Gigli G, Mugnai F, et al. Design and implementation of a landslide early warning system [J]. Engineering Geology, 2012, 147: 124-136.

[51] Capparelli G, Tiranti D. Application of the MoniFLaIR early warning system for rainfall-induced landslides in Piedmont region (Italy) [J]. Landslides, 2010, 7 (4): 401-410.

[52] Intrieri E, Gigli G, Casagli N, et al. Brief communication" Landslide Early Warning System: Toolbox and general concepts" [J]. Natural hazards and earth system sciences, 2013, 13 (1): 85-90.

[53] Krzhizhanovskaya V V, Shirshov G, Melnikova N B, et al. Flood early warning system: Design, implementation and computational modules [J]. Procedia Computer Science, 2011, 4: 106-115.

[54] Zare M, Pourghasemi H R, Vafakhah M, et al. Landslide susceptibility mapping at Vaz Watershed (Iran) using an artificial neural network model: A comparison between multilayer perceptron (MLP) and radial basic function (RBF) algorithms [J]. Arabian Journal of Geosciences, 2013, 6 (8): 2873-2888.

[55] 黄磊, 苗放, 王梦雪. 区域尾矿库安全监测预警系统设计与构建 [J]. 中国安全科学学报, 2013, 23 (12): 146-152.

[56] 王刚毅, 陈晓方, 桂卫华. 多源信息融合的尾矿库实时预警与评估系统设计 [J]. 计算技术与自动化, 2012, 31 (4): 80-82.

[57] Dong L, Shu W, Sun D, et al. Pre-alarm system based on real-time monitoring and numerical simulation using internet of things and cloud computing for tailings dam in mines [J]. IEEE Access, 2017, 5: 21080-21089.

[58] 王晓航, 盛金保, 张行南, 等. 基于 GIS 技术的溃坝生命损失预警综合评价模型研究 [J]. 水力发电学报, 2011, 30 (4): 72-78.

[59] 何学秋, 王云海, 梅国栋. 基于流变-突变理论的尾矿坝溃坝机理及预警准则研究 [J]. 中国安全科学学报, 2012, 22 (9): 74-78.

[60] 谢旭阳, 王云海, 张兴凯, 等. 尾矿库区域预警指标体系的建立 [J]. 中国安全科学学报, 2008 (5): 167-171.

[61] 王英博, 王琳, 李仲学. 基于 HS-BP 算法的尾矿库安全评价 [J]. 系统工程理论与实践, 2012, 32 (11): 2585-2590.

[62] 王英博, 聂娜娜, 王铭泽, 等. 修正型果蝇算法优化 GRNN 网络的尾矿库安全预测 [J]. 计算机工程, 2015, 41 (4): 267-272.

[63] 李娟, 李翠平, 李春民, 等. 支持向量回归机在尾矿坝浸润线预测中的应用 [J]. 中国安全生产科学技术, 2009, 5 (1): 76-79.

[64] Dong L, Sun D, Li X. Theoretical and case studies of interval nonprobabilistic reliability for tailing dam stability [J]. Geofluids, 2017.

[65] 王肖霞, 杨风暴, 吉琳娜, 等. 基于柔性相似度量和可能性歪度的尾矿坝风险评估方法 [J]. 上海交通大学学报, 2014, 48 (10): 1440-1445.

[66] Helbing D, Farkas I, Vicsek T. Simulating dynamical features of escape panic [J]. Nature, 2000, 407 (6803): 487-490.

[67] 张力霆, 齐清兰, 李强, 等. 尾矿库坝体溃决演进规律的模型试验研究 [J]. 水利学报, 2016, 47 (2): 229-235.

[68] 张兴凯, 孙恩吉, 李仲学. 尾矿库洪水漫顶溃坝演化规律试验研究 [J]. 中国安全科学学报, 2011, 21 (7): 118-124.

[69] 尹光志, 敬小非, 魏作安, 等. 尾矿坝溃坝相似模拟试验研究 [J]. 岩石力学与工程学报, 2010, 29 (S2): 3830-3838.

[70] 郑欣, 安华明, 张放, 等. 尾矿坝溃坝生命损失风险控制 [J]. 东北大学学报 (自然科学版), 2017, 38 (4): 566-570.

[71] 刘洋, 齐清兰, 张力霆, 等. 尾矿库溃坝泥石流的演进过程及防护措施研究 [J]. 金属矿山, 2015 (12): 139-143.

[72] 张士辰，周克发，王晓航. 水库溃坝条件下应急撤离路径上风险人口分配优化机制研究 [J]. 水力发电学报，2014，33（1）：246-251.

[73] 黄诗峰，魏一鸣，杨存建，等. 灾民撤退网络流模型及其 GIS 模拟技术 [J]. 自然灾害学报，1998（3）：66-71.

[74] Huang Y, Dai Z. Large deformation and failure simulations for geo-disasters using smoothed particle hydrodynamics method [J]. Engineering Geology, 2014, 168: 86-97.

[75] Huang Y, Zhang W, Xu Q, et al. Run-out analysis of flow-like landslides triggered by the Ms 8.0 2008 Wenchuan earthquake using smoothed particle hydrodynamics [J]. Landslides, 2012, 9 (2): 275-283.

[76] Vacondio R, Mignosa P, Pagani S. 3D SPH numerical simulation of the wave generated by the Vajont rockslide [J]. Advances in water resources, 2013, 59: 146-156.

[77] McDougall S, O. Hungr, A model for the analysis of rapid landslide motion across three-dimensional terrain [J]. Canadian Geotechnical Journal, 2004, 41 (6): 1084-1097.

[78] Schoenberger E. Environmentally sustainable mining: The case of tailings storage facilities [J]. Resources Policy, 2016, 49: 119-128.

[79] Abbott M, Eldridge T, Wates J, et al. Review of tailings management guidelines and recommendations for improvement [J]. International Council on Mining and Metals (ICMM), 2016.

[80] European Commission. Reference document on best available techniques for management of tailings and waste-rock in mining activities [J]. 2009.

[81] Roche C, Thygesen K, Baker E. Mine tailings storage: Safety is no accident. A UNEP rapid response assessment [J]. United Nations Environment Programme and GRID-Arendal, Nairobi and Arendal, 2017.

[82] 李全明，张红，李钢. 中国与加拿大尾矿库安全管理对比分析 [J]. 中国矿业，2017，26（1）：21-24，48.

[83] 李仲学，曹志国，赵怡晴. 基于 Safety case 和 PDCA 的尾矿库安全保障体系 [J]. 系统工程理论与实践，2010，30（5）：936-944.

[84] 王涛，侯克鹏，郭振世，等. 层次分析法（AHP）在尾矿库安全运行分析中的应用 [J]. 岩土力学，2008，29（S1）：680-686.

[85] 谢旭阳，田文旗，王云海，等. 我国尾矿库安全现状分析及管理对策研究 [J]. 中国安全生产科学技术，2009，5（2）：5-9.

[86] Giordan D, Hayakawa Y, Nex F, et al. The use of remotely piloted aircraft systems (RPASs) for natural hazards monitoring and management [J]. Natural Hazards and Earth System Sciences, 2018. 18 (4): 1079-1096.

[87] 李迁. 低空无人机遥感在矿山监测中的应用研究 [D]. 北京：中国地质大学（北京），2013.

[88] Xiang J, Chen J, Sofia G, et al. Open-pit mine geomorphic changes analysis using multi-temporal UAV survey [J]. Environmental Earth Sciences, 2018, 77 (6): 1-18.

[89] Chen J, Li K, Chang K J, et al. Open-pit mining geomorphic feature characterisation [J].

International Journal of Applied Earth Observation and Geoinformation, 2015, 42: 76-86, 103.

[90] 张玉侠, 兰鹏涛, 金元春, 等. 无人机三维倾斜摄影技术在露天矿山监测中的实践与探索 [J]. 测绘通报, 2017 (S1): 114-116.

[91] 许志华, 吴立新, 陈绍杰, 等. 基于无人机影像的露天矿工程量监测分析方法 [J]. 东北大学学报 (自然科学版), 2016, 37 (1): 84-88.

[92] Esposito G, Mastrorocco G, Salvini R, et al. Application of UAV photogrammetry for the multi-temporal estimation of surface extent and volumetric excavation in the Sa Pigada Bianca open-pit mine, Sardinia, Italy [J]. Environmental Earth Sciences, 2017, 76 (3): 1-16, 106.

[93] 杨青山, 范彬彬, 魏显龙, 等. 无人机摄影测量技术在新疆矿山储量动态监测中的应用 [J]. 测绘通报, 2015 (5): 91-94.

[94] Raeva P L, Filipova S L, Filipov D G. Volume computation of a stockpile-a study case comparing GPS and UAY measurements in an open pit quarry [J]. The International Archives of Photogrammetry, Remote Sensing and Spatial Information Sciences, 2016, 41: 999.

[95] Tong X, Liu X, Chen P, et al. Integration of UAV-based photogrammetry and terrestrial laser scanning for the three-dimensional mapping and monitoring of open-pit mine areas [J]. Remote Sensing, 2015, 7 (6): 6635-6662.

[96] 崔志强. 高精度航空物探在重要成矿带资源调查中的应用 [J]. 物探与化探, 2018, 42 (1): 38-49.

[97] 李飞, 丁志强, 崔志强, 等. CH-3 无人机航磁测量系统在我国新疆不同地形区的应用示范 [J]. 地质与勘探, 2018, 54 (4): 735-746.

[98] Rico M, Benito G, Salgueiro A R, et al. Reported tailings dam failures: A review of the European incidents in the worldwide context [J]. Journal of Hazardous Materials, 2008, 152 (2): 846-852.

[99] Rauhala A, Tuomela A, Davids C, et al. UAV remote sensing surveillance of a mine tailings impoundment in sub-arctic conditions [J]. Remote Sensing, 2017, 9 (12): 1318.

[100] 王昆. 尾矿库溃坝演进 SPH 模拟与灾害防控研究 [D]. 北京: 北京科技大学, 2019.

[101] 贾虎军, 王立娟, 靳晓, 等. 基于无人机航测的尾矿库三维空间数据获取与风险分析 [J]. 中国安全生产科学技术, 2018, 14 (7): 115-119.

[102] 马国超, 王立娟, 马松, 等. 无人机摄影测量在矿山尾矿库建设规划的应用 [J]. 测绘科学, 2018, 43 (1): 84-88.

[103] Chiabrando F, Sammartano G, Spanò A. A comparison among different optimization levels in 3D multi-sensor models. A test case in emergency context: 2016 Italian earthquake [J]. The International Archives of Photogrammetry, Remote Sensing and Spatial Information Sciences, 2017, 42: 155.

[104] Mavroulis S, Andreadakis E, Spyrou N I, et al. UAV and GIS based rapid earthquake-induced building damage assessment and methodology for EMS-98 isoseismal map drawing: The June 12, 2017 Mw 6.3 Lesvos (Northeastern Aegean, Greece) earthquake [J]. International Journal of Disaster Risk Reduction, 2019, 37: 101169.

[105] Yamazaki F, Matsuda T, Denda S, et al. Construction of 3D models of buildings damaged by

arthquakes using UAV aerial images [C] //Proceedings of the tenth pacific conference arthquake engineering building an earthquake-resilient pacific. 2015: 204.

[106] 杨燕, 杜甘霖, 曹起铜. 无人机航测技术在地质灾害应急测绘中的研究与应用——以 9.28丽水山体滑坡应急测绘为例 [J]. 测绘通报, 2017 (S1): 119-122.

[107] 臧克, 孙永华, 李京, 等. 微型无人机遥感系统在汶川地震中的应用 [J]. 自然灾害学报, 2010, 19 (3): 162-166.

[108] 黄瑞金, 沈富强, 周兴霞, 等. 无人机集群灾情地理信息获取关键技术及重大应用 [J]. 测绘通报, 2019 (6): 96-99, 104.

[109] 李明龙, 杨文婧, 易晓东, 等. 面向灾难搜索救援场景的空地协同无人群体任务规划研究 [J]. 机械工程学报, 2019, 55 (11): 1-9.

[110] Boccardo P, Chiabrando F, Dutto F, et al. UAV deployment exercise for mapping purposes: Evaluation of emergency response applications [J]. Sensors, 2015, 15 (7): 15717-15737.

[111] 杨海军, 李营, 朱海涛, 等. 无人机遥感技术在环境保护领域的应用 [J]. 高技术通讯, 2015, 25 (6): 607-613.

[112] 高冠杰, 侯恩科, 谢晓深, 等. 基于四旋翼无人机的宁夏羊场湾煤矿采煤沉陷量监测 [J]. 地质通报, 2018, 37 (12): 2264-2269.

[113] 侯恩科, 首召贵, 徐友宁, 等. 无人机遥感技术在采煤地面塌陷监测中的应用 [J]. 煤田地质与勘探, 2017, 45 (6): 102-110.

[114] 肖武, 陈佳乐, 笪宏志, 等. 基于无人机影像的采煤沉陷区玉米生物量反演与分析 [J]. 农业机械学报, 2018, 49 (8): 169-180.

[115] 魏长婧, 汪云甲, 王坚, 等. 无人机影像提取矿区地裂缝信息技术研究 [J]. 金属矿山, 2012 (10): 90-92, 96.

[116] 杨超, 苏正安, 马菁, 等. 基于无人机影像快速估算矿山排土场边坡土壤侵蚀速率的方法 [J]. 水土保持通报, 2016, 36 (6): 126-130.

[117] 赵星涛, 胡奎, 卢晓攀, 等. 无人机低空航摄的矿山地质灾害精细探测方法 [J]. 测绘科学, 2014, 39 (6): 49-52, 64.

[118] Johannes B. Ries, et al. Unmanned Aerial Vehicle (UAV) for Monitoring Soil Erosion in Morocco [J]. Remote Sensing, 2012, 4 (11): 3390-3416.

[119] 何原荣, 陈鉴知, 林泉, 等. 航拍影像与点云数据在矿区生态修复中的应用 [J]. 中南林业科技大学学报, 2017, 37 (4): 79-85.

[120] Leila Hassan-Esfahani, Alfonso Torres-Rua, Austin Jensen, et al. Assessment of surface soil moisture using high-resolution multi-spectral imagery and artificial neural networks [J]. Remote Sensing, 2015, 7 (3): 2627-2646.

[121] Tofani V, Segoni S, Agostini A, et al. Technical Note: Use of remote sensing for landslide studies in Europe [J]. Natural Hazards and Earth System Science, 2013, 13 (170): 299-309.

[122] Nicola C, William F, Stefano M, et al. Spaceborne, UAV and ground-based remote sensing techniques for landslide mapping, monitoring and early warning [J]. Geoenvironmental Disasters, 2017, 4 (1): 1-23.

[123] Rossi G, Tanteri L, Tofani V, et al. Multitemporal UAV surveys for landslide mapping and characterization [J]. Landslides, 2018, 15 (5): 1045-1052.

[124] Jan B, Jan B. A critical evaluation of the use of an inexpensive camera mounted on a recreational unmanned aerial vehicle as a tool for landslide research [J]. Landslides, 2017, 14 (3): 1217-1224.

[125] Mateos R M, Azañón J M, Roldán F J, et al. The combined use of PSInSAR and UAV photogrammetry techniques for the analysis of the kinematics of a coastal landslide affecting an urban area (SE Spain) [J]. Landslides, 2017, 14 (2): 743-754.

[126] Darren T, Arko L, Steven. D J. Time series analysis of landslide dynamics using an unmanned aerial vehicle (UAV) [J]. Remote Sensing, 2015, 7 (2): 1736-1756.

[127] Niethammer U, James M R, Rothmund S, et al. UAV-based remote sensing of the Super-Sauze landslide: Evaluation and results [J]. Engineering Geology, 2012, 128: 2-11.

[128] Giordan D, Manconi A, Tannant D D, et al. UAV: Low-cost remote sensing for high-resolution investigation of landslides [C] //2015 IEEE international geoscience and remote sensing symposium (IGARSS). IEEE, 2015: 5344-5347.

[129] 唐尧, 王立娟, 马国超, 等. 基于"高分+"的金沙江滑坡灾情监测与应用前景分析 [J]. 武汉大学学报（信息科学版）, 2019, 44 (7): 1082-1092.

[130] 叶伟林, 宿星, 魏万鸿, 等. 无人机航测系统在滑坡应急中的应用 [J]. 测绘通报, 2017 (9): 70-74.

[131] 李维炼, 朱军, 朱秀丽, 等. 无人机遥感数据支持下滑坡 VR 场景探索分析方法 [J]. 武汉大学学报（信息科学版）, 2019, 44 (7): 1065-1072.

[132] 贾曙光, 金爱兵, 赵怡晴. 无人机摄影测量在高陡边坡地质调查中的应用 [J]. 岩土力学, 2018, 39 (3): 1130-1136.

[133] McLeod T, Samson C, Labrie M, et al. Using video acquired from an unmanned aerial vehicle (UAV) to measure fracture orientation in an open-pit mine [J]. Geomatica, 2013, 67 (3): 173-180.

[134] 王栋, 邹杨, 张广泽, 等. 无人机技术在超高位危岩勘查中的应用 [J]. 成都理工大学学报（自然科学版）, 2018, 45 (6): 754-759.

[135] 梁鑫, 范文, 苏艳军, 等. 秦岭钒矿集中开采区隐蔽性地质灾害早期识别研究 [J]. 灾害学, 2019, 34 (1): 208-214.

[136] Sungjae L, Yosoon C. Reviews of unmanned aerial vehicle (drone) technology trends and its applications in the mining industry [J]. Geosystem Engineering, 2016, 19 (4): 197-204.

[137] Coops N C, Goodbody T R H, Cao L. Four steps to extend drone use in research. [J]. Nature, 2019, 572 (7770): 433-435.

[138] Coach U A V. Master list of Drone Laws (organized by state & country) [J/OL]. [2019-09-04].

[139] Sanz-Ablanedo E, Chandler J H, Rodríguez-Pérez J R, et al. Accuracy of unmanned aerial vehicle (UAV) and SfM photogrammetry survey as a function of the number and location of ground control points used [J]. Remote Sensing, 2018, 10 (10): 1606.

[140] 张力霆. 尾矿库溃坝研究综述 [J]. 水利学报, 2013, 44 (5)：594-600.

[141] 敬小非, 尹光志, 魏作安, 等. 基于不同溃口形态的尾矿坝溃决泥浆流动特性试验研究 [J]. 岩土力学, 2012, 33 (3)：745-752.

[142] 郑欣, 许开立, 徐晓虎. 尾矿坝溃决泥浆运动机制及其预测模型研究 [J]. 工业安全与环保, 2016, 42 (9)：48-50, 33.

[143] Crespo A J C, Domínguez J M, Rogers B D, et al. DualSPHysics：Open-source parallel CFD solver based on Smoothed Particle Hydrodynamics (SPH) [J]. Computer Physics Communications, 2015, 187：204-216.

[144] Lucy L B. A numerical approach to the testing of the fission hypothesis [J]. The Astronomical Journal, 1977, 8 (12)：1013-1024.

[145] Gingold R. A, Monaghan J. J. Smoothed particle hydrodynamics：Theory and application to non-spherical stars [J]. Monthly Notices of the Royal Astronomical Society, 1977, 181 (3)：375-389.

[146] Shadloo M S, Oger G, Le Touzé D. Smoothed particle hydrodynamics method for fluid flows, towards industrial applications：Motivations, current state, and challenges [J]. Computers and Fluids, 2016, 136：11-34.

[147] 许波, 谢谟文, 胡嫚. 基于 GIS 空间数据的滑坡 SPH 粒子模型研究 [J]. 岩土力学, 2016, 37 (9)：2696-2705.

[148] Holger W. Piecewise polynomial, positive definite and compactly supported radial functions of minimal degree [J]. Advances in Computational Mathematics, 1995, 4 (1)：389-396.

[149] Monaghan J. J. Simulating Free Surface Flows with SPH [J]. Journal of Computational Physics, 1994, 110 (2)：399-406.

[150] Altomare C, Crespo A J C, Rogers B D, et al. Numerical modelling of armour block sea breakwater with smoothed particle hydrodynamics [J]. Computers & Structures, 2014, 130：34-45.

[151] Altomare C, Crespo A J C, Domínguez J M, et al. Applicability of smoothed particle hydrodynamics for estimation of sea wave impact on coastal structures [J]. Coastal Engineering, 2015, 96：1-12.

[152] Damien V, Benedict D R. Smoothed particle hydrodynamics (SPH) for free-surface flows：Past, present and future [J]. Journal of Hydraulic Research, 2016, 54 (1)：1-26.

[153] Crespo J, Gómez-Gesteira M, Dalrymple R A. Modeling Dam Break Behavior over a wet bed by a SPH Technique [J]. Journal of Waterway, Port, Coastal, and Ocean Engineering, 2008, 134 (6)：313-320.

[154] Monaghan J J. On the problem of penetration in particle methods [J]. Journal of Computational Physics, 1989, 82 (1)：1-15.

[155] Diego M, Andrea C. A simple procedure to improve the pressure evaluation in hydrodynamic context using the SPH [J]. Computer Physics Communications, 2008, 180 (6)：861-872.

[156] Crespo A C, Dominguez J M, Barreiro A, et al. GPUs, a new tool of acceleration in CFD：Efficiency and reliability on smoothed particle hydrodynamics methods [J]. PloS one, 2011, 6 (6)：e20685.

[157] Jose M D, Alejandro J C Crespo, Moncho Gómez-Gesteira. Optimization strategies for CPU and GPU implementations of a smoothed particle hydrodynamics method [J]. Computer Physics Communications, 2013, 184 (3): 617-627.

[158] 敬小非. 尾矿坝溃决泥沙流动特性及灾害防护研究 [D]. 重庆: 重庆大学, 2011.

[159] Wang K, Yang P, Hudson-Edwards K A, et al. Integration of DSM and SPH to model tailings dam failure run-out slurry routing across 3D real terrain [J]. Water, 2018, 10 (8): 1087.

[160] Davies M, Martin T. Mining market cycles and tailings dam incidents [C] //Proceedings of the 13th International Conference on Tailings and Mine Waste, Banff, Alberta. 2009: 3-15.

[161] 张达, 张晓朴, 杨小聪. 尾矿库在线监测及应急指挥系统关键技术及工业应用 [J]. 矿冶, 2011, 20 (2): 20-25.

[162] 李俊利, 李斌兵, 柳方明, 等. 利用照片重建技术生成坡面侵蚀沟三维模型 [J]. 农业工程学报, 2015, 31 (1): 125-132.

[163] Lowe D. Distinctive image features from scale-Invariant key points [J]. International Journal of Computer Vision, 2004, 60 (2): 91-110.

[164] 张郁. 无人机低空摄影的精度分析与研究 [J]. 测绘地理信息, 2018, 43 (4): 59-61.

[165] Remondino F, Barazzetti L, Nex F, et al. UAV photogrammetry for mapping and 3d modeling-current status and future perspectives [J]. International archives of the photogrammetry, remote sensing and spatial information sciences, 2011, 38 (1): C22.

[166] 李全明, 田文旗, 王云海. 尾矿库在线监测系统中位移数据分析方法探讨 [J]. 中国安全生产科学技术, 2011, 7 (8): 47-52.

[167] 于广明, 宋传旺, 潘永战, 等. 尾矿坝安全研究的国外新进展及我国的现状和发展态势 [J]. 岩石力学与工程学报, 2014, 33 (S1): 3238-3248.

[168] 周汉民. 基于模袋法堆坝的尾矿坝稳定性研究 [D]. 北京: 北京科技大学, 2017.